創意不足？

TRIZ40 則發明原理 幫您解決！

不用再羨慕日本人的創意！

Discover

五南圖書出版公司印行

TRIZ創意開發師 高木芳德 著

李雅茹 譯

前言

「創造力」長久以來便是許多人的重要課題，或可說是嚮往的目標，自從電腦出現之後，更成為人類少數能贏過人工智慧的其中一項能力，也因此備受矚目。

為了要打造這項可以說是人類最後碉堡的「創造能力」，各式各樣的「創造方法」被發展出來並受到活用。例如：斯本的 9 大類 73 個問題檢核表、曼陀羅思考法、SWOT 分析法等。

這些方法由於皆已大致建構完成，相較之下也較易於理解和採用，所以廣泛的被應用。

雖然這些方法實際上都很有幫助，不過一旦熟習了這些方法之後，恐怕都會碰上同樣的一個問題，就是，藉由上述方法所引導出的創意，通常只局限於「自己的經驗範圍內或再稍微領先一點點」而已。

探究其原因，那是因為現在社會上的創造方法大多是「分類（針對主題的暗示性提問或標示）」、「將 n 項分類分列在二軸，依 n×n 矩陣整理」、「相互的比較」及「邏輯性的思考」等。

然而，這些其實都只是「提供其他觀點」而已。也就是說，是將自己腦中長期累積的「經驗」，從不同的觀點、角度來看待，然後再結合其他經驗「創造」出新的構想。

簡單來說，就像是只用「曾經使用過的食材」來烹煮料理一樣。雖然一開始會因為學習到新的烹煮方法而覺得菜色變多，但是重複了幾次後，一定會察覺到「料理範圍」的有限。

如此一來，新的食材，也就是跟過往不同的資訊、經驗是必需的。

然而，在不同領域工作或學習雖然有其必要性，但是新領域同時也等於是跨領域，要在一時半刻馬上學會是很困難的，劃時代的創意也因此十分不容易產生。

但是，如果這個「創造方法」早已涵蓋了「在不同領域中學習到的方法」，甚至是連「不同領域的知識」都準備好時，又會如何呢？

再如果，該方法是從實際檢驗幾百萬件數據後所得出之「理論性方法」的話呢？

這樣的「創造方法」，也就是本書所介紹的發明問題解決理論 (Theory of Inventive Problem Solving)──「TRIZ」。

TRIZ 並不是一個常見的字，如果之前沒聽過的話，應該連讀都讀不出來。此外，TRIZ 亦不是英文「Theory of Inventive Problem Solving」的開頭縮寫。

那 TRIZ 這名稱究竟是從何而來呢？其實此方法是源自於俄羅斯，所以當 Theory of Inventive Problem Solving 以俄文表示時，其開頭 4 個字母的縮寫就是「TRIZ」。

附帶說明，俄文的寫法如下：
Теория（理論）
Решения（解決）
Изобретательских（發明）
Задач（問題）

TRIZ 是於 1950 年代，由俄羅斯的專利審察官根里奇‧阿奇舒勒 (Genrich Altshuller) 所提出。

聽到「專利審查官」，讀者可能會覺得有些不可思議，但是仔細想一下的話，專利審查官說到底就是一份時常會接觸「（號稱）劃時代的發明／專利」，並對之加以審查的工作。

根里奇‧阿奇舒勒作為俄國的專利審查官，在日復一日進行審查專利的時候注意到了一件事，也就是：「就算領域不同，解決問題的方法應該也還是有共通的地方吧？」

於是，他以數百、數千件的專利為根據，從中找出「發明的訣竅」，並且成功地藉此將發明的「共通點」加以規則化。

而後，他將其所發展的這項方法，取「發明問題解決理論」的俄文開頭縮寫，將其命名為 TRIZ。

而本書所介紹的「40 則發明原理」，正是這套理論中最先建構的部分。

應用這 40 則發明原理，將能更深入地學習其他領域過去的失敗和成功之處。而跨領域技術人員或商業人士之間，長久以來因不了解其「技術內涵」而難以進行溝通的困擾也能因此迎刃而解。

筆者可以很肯定的說，比起再額外記住 400 個英文單字，筆者由於記住了這 40 則原理，而獲得對於技術人員來說，更加充實的生活。

TRIZ 作為「創造方法」之所以能夠出類拔萃的地方在於，其在建構時便已注意到「跨領域的共通性」，還有阿奇舒勒及其後繼者們「對於 TRIZ 這項方法不斷進行科學性驗證、改良」的努力不懈。

許多其它的發想法都僅止於主觀性的假設之下，最多就是再加上「實際實驗後很有效果」這一類定性的評價，對此，阿奇舒勒的創造方法則是進行了「定量的檢驗」。不過這也是因為其身為專利審查官才能夠做到。

由於他身處的環境是可以接觸幾十萬、幾百萬件以專利形式存在的「問題解決成果」，因此他所建構假設的「發明問題解決理論」，也能藉由這些成果來獲得驗證。

這些檢驗工作也獲得其許多學生的支持，而得以投入大量的人手來進行。因此這套理論可以說是靠人海戰術才得以存在。

綜上所述，TRIZ 是「俄羅斯的專利審查官以專利為基礎而作成」、「以科學的方式檢驗、改進超過 200 萬件以上的專利」、「能夠跨領域運用」，獨一無二、相當重要的發明問題解決理論。

既然如此，那為什麼這個理論並沒有廣為人知呢？（各位讀者在接觸本書之前，應該也從來沒有聽過或看過 TRIZ 這個字吧），這是因為它是源自於蘇聯（蘇維埃聯邦）的緣故。

年輕一輩的人們可能都只有現在美國獨霸世界的印象，但是在 1991 年蘇聯解體前，蘇聯就如同「美蘇冷戰」這個辭彙所代表的，足以和美國抗衡的強勁對手。

人類史上最初送人類上外太空的也是蘇聯，日本人首次上太空時也是搭乘蘇聯的太空船──聯盟號（Soyuz）。

而在位於美國咽喉處的古巴謠傳配置有蘇聯所製的核武器 (1962 年)，世稱「古巴危機」時，也讓全球壟罩在緊張的氣氛之中。

冷戰期間，美國在 1949 年 COCOM（共產國家輸出管制委員會）的管制架構完成前，為了防止技術流傳到蘇聯，其防範措

施可以說是滴水不漏（該制度在 1994 年蘇聯解體後廢止）。

　　受到管制的影響，16bit 以上的電腦被禁止出口至共產國家，因此據說蘇聯當時多是以 8bit 的家用電腦 MSX 系列來進行影片的編輯。

在這樣的情況下，IT、電腦處理能力發展相較於西方國家遲緩許多的蘇聯，卻在軍事和太空技術方面遙遙領先除了美國之外的西方國家，因此也有人認為 TRIZ 是為了要與美國相抗衡而產生的（阿奇舒勒曾為海軍士官）。

暫且不論 TRIZ 的影響力有多大，在蘇聯尚未崩壞的期間，該項理論可是被極為珍藏的技術，並嚴密的防止流傳到西方國家。

　　而在 1990 年代，由於蘇聯的崩解，熟知 TRIZ 的技術人員開始進入西方諸國，並且造成廣大的影響。

現今，歐洲不僅設有專門研究 TRIZ 的研究機構，也有許多以研究 TRIZ 而獲得博士學位的人。

　　亦有賣出了數百萬套的 TRIZ 軟體授權，以及應用 TRIZ 擔任顧問獲得高薪的案例（日本也有類似的情形）。

TRIZ 在日本雖然尚不大具有知名度，但隨著知識的加速爆炸以及細分化，相信今後除了數據科學家以外，還將受到更多其他領域的重視。

最後再總結一次。

TRIZ 是以數百萬件申請專利的發明案件為基礎，經過數十年來國家層級的驗證後所開發出來的「發明問題解決理論」。

本書首次將目前歐美國家建立高附加價值產業的手法來源向一般民眾揭露。

　　因此能夠入手本書的你，真的很幸運！

　　學會這 40 則發明原理，不論是在工作或是日常生活上都能更快地掌握技術的內涵，並且擁有更優質的創造能力。

　　事不宜遲，現在就讓我向你們介紹 TRIZ 的世界吧！

CONTENTS

第 3 篇　發明原理實踐篇

第1篇

TRIZ發明原理入門

發明的方法能夠科學化，
也必須科學化。

TRIZ創造人根里奇‧阿奇舒勒（Genrich Altshuller）

TRIZ的發明原理

TRIZ的
發明原理
是什麼？

代表「發明問題解決理論」的TRIZ，是一個至今也仍不斷在進步的巨大理論體系。在那之中，本書所介紹的「發明原理」，除了是TRIZ的起點外，也是其他一切理論的基礎。

如「前言」所述，發明原理是經由檢驗多件專利案件後所建構而成的。

身為俄羅斯專利審查官的阿奇舒勒，在接觸為數眾多的專利案件時，注意到了「在不同的領域，類似的問題以及類似的解決方法會重複地出現」。

並且，阿奇舒勒還注意到了另一件事。那就是「在某個領域內新解決的問題，有9成的機率是早已在其他領域內被解決的問題」。

因此阿奇舒勒最終得出了**「問題解決程序的通用化」**。

在面對尚未被解決的問題時，從「過往解決過的類似問題和方法」中類推出解決方案，便能順利地化解難題。

擅於解決問題的人，在大多數的情況下，都是擅於吸取「過去解決問題」經驗的人。

但如果認為加強問題解決能力的方法，就是一昧地去解決很多問題的話，也不太正確。

此時便是TRIZ的發明原理發揮功效的時候了，因為只有TRIZ才是從一個個具體的問題解決方法中，發展出一套問題解決程序通用化的理論。

也就是說，世界上為數眾多的「具體解決方法」，都被涵蓋在這僅僅40則的通用原理之中。

TRIZ的發明原理，由於是將各個領域內的解決方法加以通用化，因此能作為「問題解決的共通語言」來應用。也能夠將自己至今使用的（問題解決）方法，用淺顯易懂的方式向不同領域的人說明。再者，詢問該項方法的另一方也能夠向對方傳授「相同發明原理中的其他方法」。

發明原理因為是用來推導出問題解決的方法，所以對於「應該要如何」把不同領域的知識這種新要素，在入手的同時和舊有的要素做結合這方面也能提供重大的啟發。

如下頁所示，自〈#1 分割原理〉開始到〈#40 複合材料原理〉的發明原理，會隨著數字的增加，逐漸由抽象轉為具體的解決方案。

〈#1 分割原理〉

〈#2 分離原理〉

〈#3 局部性質原理〉

〈#4 非對稱性原理〉

〈#5 組合原理〉

〈#6 多功能原理〉

〈#7 套疊原理〉

〈#8 平衡力原理〉

〈#9 預先反作用原理〉

〈#10 預先作用原理〉

〈#11 事先保護原理〉

〈#12 等位性原理〉

〈#13 反向思考原理〉

〈#14 曲面原理〉

〈#15 可變性原理〉

〈#16 大約原理〉

〈#17 移至新次元原理〉

〈#18 機械振動原理〉

〈#19 週期性動作原理〉

〈#20 連續性原理〉

〈#21 快速作用原理〉

〈#22 轉禍為福原理〉

〈#23 回饋原理〉

〈#24 仲介原理〉

〈#25 自助原理〉

〈#26 代替原理〉

〈#27 拋棄式原理〉

〈#28 機械系統替代原理〉

〈#29 流體作用原理〉

〈#30 薄膜利用原理〉

〈#31 多孔介質原理〉

〈#32 變色原理〉

〈#33 同質性原理〉

〈#34 排除再生原理〉

〈#35 改變參數原理〉

〈#36 相變化原理〉

〈#37 熱膨脹原理〉

〈#38 高濃度氧原理〉

〈#39 惰性環境原理〉

〈#40 複合材料原理〉

將問題抽象化

困擾的來源
有39種

在多數的情況，所謂的問題都是因為想要將2個以上的矛盾狀態一次解決而產生的。前述所舉的40則發明原理，不論哪一則都可以幫助解決這種矛盾的狀態。

以飛機的機翼為例，若是在飛行中有所損壞的話，將會造成重大事故，因此機翼結構的強度當然是越強越令人安心。但是，要增強強度代表金屬的用量也會增加，而一旦重量增加，將造成燃料費的負擔。也就是說如果要同時追求強度和輕量化兩者，必將會產生權衡取捨。

此時便可實際應用〈#40 複合材料原理〉，利用一種名為碳纖維強化塑膠

（CFRP）的複合材料即可解決這個矛盾。

然而，每當面對不同的問題時，從40則的發明原理中，究竟要如何選擇呢？

能夠回答這個問題的即是「矛盾矩陣」。

阿奇舒勒不僅僅把問題的解決方法抽象化作成40則發明原理，他還一併考量到應如何把「專利上已解決的問題」也抽象化。最終，他發現困擾的來源追根究底只有39種而已（TRIZ將困擾的來源稱為**特性參數**）。

接著，他將同樣的困擾來源分類，歸納出能有效地解決同類困擾的發明原理，並整理數十萬件的專利，將每一件專利中用以解決矛盾的發明原理，依照成效的好壞列出、歸納成一個總表。

而這個39×39的巨大總表被稱為**矛盾矩陣**。使用的方法很簡單，將彼此對立的特性參數（困擾來源）進行交叉對照，便能藉此找出可以用來解決困擾的發明原理。

若以先前提到的飛機機翼為例，參照特性參數**14：強度**和**1：移動物體的重量**

之間代表矛盾的交叉點，就會看到〈**#40 複合材料原理**〉正好位於其中。

改善參數 ＼ 惡化參數	1 移動物體的重量
1 移動物體的重量	
2 靜止物體的重量	
:	:
14 強度	1,8,40,15

如此這般，「依據定量的數據分析，來提供解決方案的提示」，就是TRIZ和其他僅提供問題整理和聯想法的創造方法之間區隔出差異化的決定性因素。

阿奇舒勒所作的矛盾矩陣表刊載於本篇末。

如何將問題抽象化

確立問題點

40則的發明理論中到底用哪一則才有效呢？參照困擾來源的交叉點，也就是矛盾矩陣中，特性參數的交叉點即可知道。

如此一來，要能活用發明原理的步驟，就只剩下應如何辨識是由於哪些特性參數造成矛盾而已。

在此便要介紹確立問題點，也就是「**定義矛盾**」的方法。

舉一個具體的案例，從「如何使手機更堅固」來思考。

第一個會想到的通常都是將外殼加厚對吧？然而，隨著厚度增加，重量也會跟著增加。此種情形，對TRIZ來說即是失衡（＝矛盾）。

為了方便理解，將改善的地方與惡化的地方分別繪出，如下圖表示。（TRIZ作圖時，正面的作用以直線指出，負面的作用以波浪線條指出）。

接著，選出發生衝突的2個「地方」所對應的困擾來源，即**特性參數**。例如說：「變得更堅固」是14：**強度**；「重量增加」則是1：**移動物體的重量**。

當順利、成功地判斷出矛盾所對應的2個特性參數後，便可以利用矛盾矩陣表來進行對照了。

事實上這個矛盾例子，和前述第15頁飛機的例子是一樣的，因此可以知道利用〈#1 分割原理〉、〈#8 平衡力原理〉、〈#40 複合材料原理〉、〈#15 可變性原理〉就能解決。

矛盾矩陣表是把能夠引導解決該矛盾的發明原理，依照其解決可能性，由高至低地排列。

像本次的例子，雖然和飛機一樣適用於〈#40 複合材料原理〉，用碳纖維強化塑膠來製造外殼也是可行，但最有力的候補選項是〈#1 分割原理〉。

利用〈#1 分割原理〉，並非僅確保外殼的強度，而是利用將手機內部加入間隔、分割內部空間，產生不增加外殼厚度（＝重量），但依然能增加強度的構想。

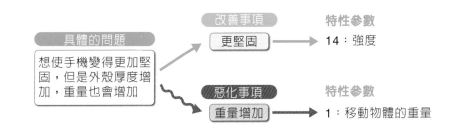

哪些是
困擾的來源呢？

利用「定義矛盾」確立眼前的問題點，進而判斷困擾來源的「特性參數」，最後再用「矛盾矩陣」找出發明原理，這一連串的過程相信讀者都已能理解。

而這一連串的過程，在定義完矛盾後，實際上要從39個特性參數中做出選擇，其實格外有難度，故在此介紹一些應注意的細節和訣竅。

移動物體與靜止物體

觀察矛盾矩陣中的39個特性參數，會發現「**移動物體**」和「**靜止物體**」這兩個有點陌生的概念。

依照阿奇舒勒的定義：「兩個以上與問題相關的物體間，**如果有（包含可能有）相對運動存在的物體，即是移動物體，沒有的則是靜止物體**」。此時並不用考慮運動的方向或距離，只要是有需要考慮運動狀態，即使只運動幾微米也是移動物體。

有疑惑時，兩者都檢查

然而，有很多時候依然會無法判斷出某物體究竟是移動物體還是靜止物體。

這樣的時候就可以借助「**掌握任一方都可**」或「**兩者都想想看**」來解決問題。

定義矛盾並不等於是**分析**矛盾。是自己在面對問題時「**這一次**的矛盾要如何定義呢?」採取主動積極的態度。也因此，即使是把一般定義為「靜止物體」的東西認定為「移動物體」，只要能產生創新的發想就沒關係。

困擾來源只有一個的時候

在像上述這樣靈活地選擇參數時，有可能會出現**改善參數和惡化參數是相同的情況**。

此種情況對照矛盾矩陣，對應的方格會被塗黑表示。由於這是一種稱為「**物理矛盾**」的特殊狀況，超過本書的範圍，因此無法詳加介紹，然而遇到此狀況只要將**空間/時間/條件分離**作為基礎來思考，即可獲得有效的解決方案。

而在思考上述分離狀況的時候，若是能夠利用發明原理所導出的發想，將會有很大的幫助。

39個困擾來源

接下來將39個特性參數，利用簡短的說明和列舉出關聯用語來介紹。並且，移動物體和靜止物體將放在一起介紹。

1/2：【移動／靜止】物體的重量

物體的質量或是基於重力而生的力。
重、重量、載重、質量、負荷、輕、分子量

3/4：【移動／靜止】物體的長度

與物體相關的一次元長度或角度。
寬、高、深、深度、厚、距離、間隔、間隙、公差、表面粗度、角度、方向

5/6：【移動／靜止】物體的面積

與物體的表面或表面積相關的任意二次元平面的大小（內側面積也屬之）。
面積、地帶、可用空間、區域、實際表面積、界面面積、接觸面積、點接觸、斷面積、多孔介質

7/8：【移動／靜止】物體的體積

與物體所占空間或物體周圍空間相關的任意三次元空間的大小。
容積、體積、空間、可用空間、液體量、必要的可活動區域

9：速度

物體的速度、速率，或任一種類的過程或動作的速度。
速度、步調、快速、急速、速率、加速、慢、遲鈍、相對速度、轉速、角速度、次／時

10：力

所有能使物體位置改變的力和其相互作用。
壓、彎、載重、慣性力、加速、角動量、升力、摩擦、黏著、剪應力、抓、電壓、磁力、靜止的力、衝擊、振動

11：應力或壓力

單位面積上的作用力。
壓縮、拉扯、張力、潛變、壓彎、形變、疲勞、熱疲勞、化學性疲勞、彈性、塑性、剛性、真空、大氣壓、加壓

12：形狀

系統及構成要素基於功能上所必要的內部與外部的形狀、輪廓。
外形、樣式、幾何、曲率、直線狀

13：物體構成的安定性

系統內各要素的構成關係與構成材料的安定性。
熵（的升高）、惰性、變形、壓彎、形變、化學性分解、解離、氧化、銹、腐蝕、變質、同質性、一致性、積層剝離

14：強度

向物體施力時，該物體可以抵擋變化的程度。
彈性界限、塑性界限、破壞強度、拉扯強度、耐疲勞性、壓彎強度、結合、撓度、形變、剛性、韌性、硬度、脆度

15/16：【移動／靜止】物體的動作時間

物體或系統執行一項動作（作用）所花費的時間。
持續時間、期間、振動次數（頻率）、固定振動次數、應答時間、反應時間、時間間隔、壽命、晚

17：溫度

物體、系統測量或認知到的熱狀態，以及

熱的各種參數。

熱、熱傳導性、熱容量、輻射、對流、放射、絕熱、凝固點、熔點、沸點、加熱、溫度、冷卻、過熱

18：發光強度／亮度

每單位面積的光束、光源的發光強度（亮度）及物體受到照射的發光強度（照度）

透光、吸收、反射率、影、色調、光澤、表面粗度、紅／紫外線、能見度、視野

19/20：【移動／靜止】物體的使用能量

物體動作（作功）時能源的淨用量。

功、（燃料）消耗、熱輸入、加熱、冷卻、熱量、發熱量、電流、電量

21：功率

作功時每單位時間的功、每單位時間使用的能量。

功率（瓦特數）、電流、脈衝（衝擊）、尖峰輸出、穩定輸出、馬力、動作強度

22：能量的損失

對實行中的功能沒有貢獻的能量。

能量消耗、能量無效率、摩擦、固定、能量流失、亂流、干擾、衰減

23：物質的損失

系統的各要素或其周邊各要素的損失或浪費。

損傷、漏失、磨耗、浪費、浪費的使用、廢棄、研磨、密閉、吸收、脫離、凝集、堆積、沉澱

24：資訊的損失

輸入／輸出到系統及五感的資訊損失、浪費或無法讀取資料。

感覺異常、誤解、資料相互干擾、（資訊的）錯誤、檢閱、誤用、閒置的資訊

25：時間的損失

時間的無效率。

等待時間、冗長／由於不必要活動的時間損失、白費力氣、時間延誤、重複勞動

26：物質的量

系統的材料、物質、零件、場所或子系統等的數量。

物質量、材料量、零組數、個數、密度、粒子數、（非抽象意義上）所有「東西」

27：可靠性

作為系統目的的機能，能按照預定的運轉

方法與狀況實行的能力。

持續性、耐用性、壽命、生命週期、平均故障間隔、平均修理間隔、安全性、故障率、耐久性

28：量測的正確性

測量有無偏差或誤差的程度、測定值與實際值接近的程度。

公差（可容許的誤差範圍）、再現性、一致性、標準偏差、平均值、中位數、眾數

29：製造精度

系統及物體的實際特性，與受到指定或要求的特性吻合程度。

公差、容許值、再現性、標準偏差、品質保證、表面粗度、平行度、垂直度、誤差

30：物體承受的有害因素

系統對於外界發生的有害效果是否容易受到影響，也包含與安全性有關的問題。

非預期的效果、黏著、固定、污染、噪音、因氣候（陽光）產生的災害、紫外線、彎曲、吸入粉塵、黴菌、衝擊

31：物體產生的有害因素

物體或系統在某一方面會對外部要素產生

有害的影響。

環境污染物、CO_2、SO_x、NO_x、煤煙、有害物質、有害的副產物、氣味、噪音、副作用、污染、感染、磨耗、擦傷、味覺（苦味等）、觸覺、電磁干擾（EMI）、無線電干擾（RFI）

32：製造的難易度

與物體及系統的製造、製作相關的問題。

考慮到製造、裝配的設計、結合、機械設定時間、工具的交換、檢查的容易性

33：操作的難易度

對使用者而言，要學會、操作、控制系統或物體操作方法的難易程度。

方便性、容易使用、學習所需要的時間、搬運的難易度、可動性、可攜帶性

34：修理的難易度

修理系統故障或缺陷的方便性、簡易性，以及需花費的時間等品質特性。

現場修理的可能性、修理工具、保養、清洗的可能性、更換的可能性、模組化程度

35：適應性或靈活性

系統或物體能對應外界變化的程度。

彈性運用、通用性、對應能力、接受能力、變換、模仿、客製化的可能性、剛性、容許程度、公差、多用途、多目的

36：裝置的複雜度

系統內外的要素及要素相互關聯的數量與多樣性（使用者也是一種要素）。

功能數、接續的數量、零件數量、要素、物體的複雜性、動作的複雜性

37：檢驗與測量的困難度

驗出／檢查／測量／分析的困難或容易性。

所需時間、所費勞力、必要裝置／化工原料的成本、品質要求、保全性、確認程度、能找出適當的參數

38：自動化程度

不需人工的操作或介入，系統與物體即能實行其功能的能力。

自動化的程度及範圍、去除勞動力、再現性、品質保證

39：生產能力

對應每單位時間／單位操作／一定成本的有效輸出（成果、附加價值、能實行的機能、操作數量等）。

所需時間（的倒數）、生產量、瓶頸

摘自《體系的技術革新》（Darrell Mann）

矛盾矩陣（1）　摘自《體系的技術革新》（Darrell Mann）

改善參數 ＼ 惡化參數	1 移動物體的重量	2 靜止物體的重量	3 移動物體的長度	4 靜止物體的長度	5 移動物體的面積	6 靜止物體的面積	7 移動物體的體積	8 靜止物體的體積	9 速度	10 力	11 應力或壓力	12 形狀	13 物體構成的安定性	14 強度	15 移動物體的動作時間	16 靜止物體的動作時間	17 溫度
1 移動物體的重量	▨	15,8,29,34			29,17,38,34		29,2,40,28		2,8,16,38	8,10,18,37	10,36,37,40	10,14,35,40	1,35,19,39	28,27,18,40	5,34,31,35		6,29,4,38
2 靜止物體的重量		▨	10,1,29,35		35,30,13,2		5,35,14,2			8,10,19,35	13,29,10,18	13,10,29,14	26,39,1,40	28,2,10,27		2,27,19,6	28,19,32,22
3 移動物體的長度	8,15,29,34		▨		15,17,4		7,17,4,35		13,4,8	17,10,4	1,8,35	1,8,10,29	1,8,15,34	8,35,29,34	19		10,15,19
4 靜止物體的長度		35,28,40,29		▨		17,7,10,40		35,8,2,14		28,10	1,14,35	13,14,15,7	39,37,35	15,14,28,26		1,10,35	3,35,38,18
5 移動物體的面積	2,17,29,4		14,16,18,4		▨		7,14,17,4		29,30,4,34	19,30,35,2	10,15,36,28	5,34,29,4	11,2,13,39	3,15,40,14	6,3		2,15,16
6 靜止物體的面積		30,2,14,18		26,7,9,39		▨				1,18,35,36	10,15,36,37		2,38	40		2,10,19,30	35,39,38
7 移動物體的體積	2,26,29,40		1,7,4,35		1,7,4,17		▨		29,4,38,34	15,35,36,37	6,35,36,37	1,16,29,4	28,10,1,39	9,14,16,7	6,35,4		34,39,10,18
8 靜止物體的體積		35,10,19,14	19,14	35,8,2,14				▨		2,18,37	24,35	7,2,35	34,28,35,40	9,14,17,15		35,34,38	35,6,4
9 速度	2,28,13,38		13,14,8		29,30,34		7,29,34		▨	13,28,15,19	6,18,38,40	35,15,18,34	28,33,1,18	8,3,26,14	3,19,35,5		28,30,36,2
10 力	8,1,37,18	18,13,1,28	17,19,9,36	28,10	19,10,15	1,18,36,37	15,9,12,37	2,36,18,37	13,28,15,12	▨	18,21,11	10,35,40,34	35,10,21	35,10,14,27	19,2		35,10,21
11 應力或壓力	10,36,37,40	13,29,10,18	35,10,36	35,1,14,15	10,15,36,28	10,15,36,37	6,35,10	35,24	6,35,36	36,35,21	▨	35,4,15,10	35,33,2,40	9,18,3,40	19,3,27		35,39,19,2
12 形狀	8,10,29,40	15,10,26,3	29,34,5,4	13,14,10,7	5,34,4,10		14,4,15,22	7,2,35	35,15,34,18	35,10,37,40	34,15,10,14	▨	33,1,18,4	30,14,10,40	14,26,9,25		22,14,19,32
13 物體構成的安定性	21,35,2,39	26,39,1,40	13,15,1,28	37	2,11,13	39	28,10,19,39	34,28,35,40	33,15,28,18	10,35,21,16	2,35,40	22,1,18,4	▨	17,9,15	13,27,10,35	39,3,35,23	35,1,32
14 強度	1,8,40,15	40,26,27,1	1,15,8,35	15,14,28,26	3,34,40,29	9,40,28	9,14,15,7	8,13,26,14	10,18,3,14	10,3,18,40	10,30,35,40	13,17,35		▨	27,3,26		30,10,40
15 移動物體的動作時間	19,5,34,31		2,19,9		3,17,19		10,2,19,30		3,35,5	19,2,16	19,3,27	14,26,28,25	13,3,35	27,3,10	▨		19,35,39
16 靜止物體的動作時間		6,27,19,16		1,40,35				35,34,38					39,35,3,23			▨	19,18,36,40
17 溫度	36,22,6,38	22,35,32	15,19,9	15,19,9	3,35,39,18	35,38	34,39,40,18	35,6,4	2,28,36,30	35,10,3,21	35,39,19,2	14,22,19,32	1,36,32	10,30,22,40	19,13,39	19,18,36,40	▨
18 發光強度／亮度	19,1,32	2,35,32	19,32,16		19,32,26		2,13,10		13,19,10	26,19,6		32,30	32,3,27	35,19	2,19,6		32,35,19
19 移動物體的使用能量	12,18,28,31		12,28		15,19,25		35,13,18		8,35	16,26,21,2	23,14,25	12,2,29	19,13,17,24	6,19,9,35	28,35,6,18		19,24,3,14
20 靜止物體的使用能量		19,9,6,27								36,37			27,4,29,18	35			

22

18	19	20	21	22	23	24	25	26	27	28	29	30	31	32	33	34	35	36	37	38	39
發光強度/亮度	移動物體的使用能量	靜止物體的使用能量	功率	能量的損失	物質的損失	資訊的損失	時間的損失	物質的量	可靠性	量測的正確性	製造精度	物體承受的有害因素	物體產生的有害因素	製造的難易度	操作的難易度	修理的難易度	適應性或靈活性	裝置的複雜度	檢驗與測量的困難度	自動化程度	生產能力
19,1,32	35,12,34,31		12,36,18,31	6,2,34,19	5,35,3,31	10,24,35	10,35,20,28	3,26,18,31	1,3,11,27	28,27,35,26	28,35,26,18	22,21,18,27	22,35,31,39	27,28,1,36	35,3,2,24	2,27,28,11	29,5,15,8	26,30,36,34	28,29,26,32	26,35,18,19	35,3,24,37
19,32,35		18,19,28,1	15,19,18,22	18,19,28,15	5,8,13,30	10,15,35	10,20,35,26	19,6,18,26	10,28,8,3	18,26,28	10,1,35,17	2,19,22,37	35,22,1,39	28,1,9	6,13,1,32	2,27,28,11	19,15,29	1,10,26,39	25,28,17,15	2,26,35	1,28,15,35
32	8,35,24		1,35	7,2,35,39	4,29,23,10	1,24	15,2,29	29,35	10,14,29,40	28,32,4	10,28,29,37	1,15,17,24	17,15	1,29,17	15,29,35,4	1,28,10	14,15,1,16	1,19,26,24	35,1,26,24	17,24,26,16	14,4,28,29
3,25			12,8	6,28	10,28,24,35	24,26	30,29,14		15,29,28	32,28,3	2,32,10	1,18		15,17,27	2,25	3	1,35	1,26	26		30,14,7,26
15,32,19,13	19,32		19,10,32,18	15,17,30,26	10,35,2,39	30,26	26,4	29,30,6,13	29,9	26,28,32,3	2,32	22,33,28,1	17,2,18,39	13,1,26,24	15,17,13,16	15,13,10,1	15,30	14,1,13	2,36,26,18	14,30,28,23	10,26,34,2
			17,32	17,7,30	10,14,18,39	30,16		10,35,4,18	2,18,40,4	32,35,40,4	26,28,32,3	2,29,18,36	22,1,40	40,16	16,4	16	15,16	1,18,36	2,35,30,18	23	10,15,17,7
2,13,10	35		35,6,13,18	7,15,13,16	36,39,34,10	2,22	2,6,34,10	29,30,7	14,1,40,11	26	25,28,2,16	22,21,27,35	17,2,40,1	29,1,40	15,13,30,12	10	15,29	26,1	29,26,4	35,34,16,24	10,6,2,34
			30,6		10,39,35,34			35,3	2,35,16			35,10,25	34,39,19,27	30,18,35,4	35			1		1,31	2,17,26
10,13,19	8,15,35,38		19,35,38,2	14,20,19,35	10,13,28,38	13,26		10,19,29,38	11,35,27,28	28,32,1,24	10,28,32,25	1,28,35,23	2,24,35,21	35,13,8,1	32,28,13,12	34,2,28,27	15,10,26	10,28,4,34	3,34,27,16	10,18	
	19,17,10	1,16,36,37	19,35,18,37	14,15	8,35,40,5		10,37,36	14,29,18,36	3,35,13,21	35,10,23,24	28,29,37,36	1,35,40,18	13,3,36,24	15,37,18,1	1,28,3,25	15,1,11	15,17,18,20	26,35,10,18	36,37,10,19	2,35	3,28,35,37
	14,24,10,37		10,35,14	2,36,25	10,36,3,37		37,36,4	10,14,36	10,13,19,35	6,28,25	3,35	22,2,37	2,33,27,18	1,35,16	11	2	35	19,1,35	2,36,37	35,24	10,14,35,37
13,15,32	2,6,34,14		4,6,2	14	35,29,3,5		14,10,34,17	36,22	10,40,16	28,32,1	32,30,40	22,1,2,35	35,1	1,32,17,28	32,15,26	2,13,1	1,15,29	16,29,1,28	15,13,39	15,1,32	17,26,34,10
32,3,27,15	13,19	27,4,29,18	32,35,27,31	14,2,39,6	2,14,30,40		35,27	15,32,35		13	18	35,24,30,18	35,40,27,39	35,19	32,35,30	2,35,10,16	35,30,34,2	2,35,22,26	35,22,39,23	1,8,35	23,35,40,3
35,19	19,35,10	35	10,26,35,28	35	35,28,31,40		29,3,28,10	29,10,27	11,3	3,27,16	3,27	18,35,37,1	15,35,22,2	11,3,10,32	32,40,28,2	27,11,3	15,3,32	2,13,25,28	27,3,15,40	15	29,35,10,14
2,19,4,35	28,6,35,18		19,10,35,38		28,27,3,18	10	20,10,28,18	3,35,10,40	11,2,13	3	3,27,16,40	22,15,33,28	21,39,16,22	27,1,4	12,27	29,10,27	1,35,13	10,4,29,15	19,29,39,35	6,10	35,17,14,19
			16		27,16,18,38	10	28,20,10,16	3,35,31	34,27,6,40	10,26,24		17,1,40,33	22	35,10	1	1	2	25,34,6,35	1		20,10,16,38
32,30,21,16	19,15,3,17		2,14,17,25	21,17,35,38	21,36,29,31		35,28,21,18	3,17,30,39	19,35,3,10	32,19,24	24	22,33,35,2	22,35,2,24	26,27	26,27	4,10,16	2,18,27	2,17,16	3,27,35,31	26,2,19,16	15,28,35
	32,1,19	32,35,1,15	32	13,16,1,6	13,1	1,6	19,1,26,17	1,19		11,15,32	3,32	15,19	35,19,32,39	19,35,28,26	28,26,19	15,17,13,16	15,1,19	6,32,13	32,15	2,26,10	2,25,16
2,15,19			6,19,37,18	12,22,15,24	35,24,18,5		35,38,19,18	34,23,16,18	19,21,11,27	3,1,32		1,35,6,27	2,35,6	28,26,30	19,35	1,15,17,28	15,17,13,16	2,29,27,28	35,38	32,2	12,28,35
19,2,35,32				28,27,18,31				3,35,31	10,36,23			10,2,22,37	19,22,18	1,4					19,35,16,25		1,6

矛盾矩陣（2）

改善參數 ＼ 惡化參數	1 移動物體的重量	2 靜止物體的重量	3 移動物體的長度	4 靜止物體的長度	5 移動物體的面積	6 靜止物體的面積	7 移動物體的體積	8 靜止物體的體積	9 速度	10 力	11 應力或壓力	12 形狀	13 物體構成的安定性	14 強度	15 移動物體的動作時間	16 靜止物體的動作時間	17 溫度
21 功率	18,36,38,31	19,26,17,27	1,10,35,37		19,38	17,32,13,38	35,6,38	30,6,25	15,35,2	26,2,36,35	22,10,35	29,14,2,40	36,32,15,31	26,10,28	19,36,10,38	16	2,14,17,25
22 能量的損失	15,6,23,40	19,6,18,9	7,2,6,13	6,38,7	15,26,17,30	17,7,30,18	7,18,23	7	16,35,38	36,38			14,2,39,6	26			19,38,7
23 物質的損失	35,6,23,40	35,6,22,32	14,29,10,39	10,28,24	35,2,10,31	10,18,39,31	1,29,30,36	3,39,18,31	10,13,28,38	14,15,16,40	3,36,37,10	29,35,3,5	2,14,30,40	35,28,31,40	28,27,3,18	27,16,18,38	21,36,39,31
24 資訊的損失	10,24,35	10,35,5	1,26	26	30,26	30,16		2,22	26,32						10	10	
25 時間的損失	10,20,37,35	10,25,26,5	15,2,29	30,24,14,5	26,4,5,16	10,35,17,4	2,5,34,10	35,16,32,18		10,37,35,5	37,36,4	4,10,34,17	35,3,22,5	29,3,28,18	20,10,28,18	28,20,10,16	35,29,21,18
26 物質的量	35,6,18,31	27,26,18,35	29,14,35,18		15,14,29	2,18,40,4	15,20,29		35,29,34,28	35,14,3	10,36,14,3	35,14		15,2,17,40	14,35,34,10	3,35,10,40	3,17,39
27 可靠性	3,8,10,40	3,10,8,28	15,9,14,4	15,29,28,11	17,10,14,16	32,35,40,4	3,10,14,24	2,35,24	21,35,11,28	8,28,10,3	10,24,35,19	35,1,16,11		11,28	2,35,3,25	34,27,5,40	3,35,10
28 量測的正確性	32,35,26,28	28,35,25,26	28,26,5,16	32,28,3,16	26,28,32,3	26,28,32,3	32,13,6		28,13,32,24	32,2	6,28,32	6,28,32	32,35,13	28,6,32	28,6,32	10,26,24	6,19,28,24
29 製造精度	28,32,13,18	28,35,27,9	10,28,29,37	2,32,10	28,33,29,32	2,29,18,36	32,28,2	25,10,35	10,28,32	28,19,34,35	3,35	32,30,40	30,18	3,27	3,27,40		19,26
30 物體承受的有害因素	22,21,27,39	2,22,13,24	17,1,39,4	1,18	22,1,33,28	27,2,39,35	22,23,37,35	34,39,19,27	21,22,35,28	13,35,39,18	22,2,37	22,1,3,35	35,24,30,18	18,35,37,1	22,15,33,28	17,1,40,33	22,33,35,2
31 物體產生的有害因素	19,22,15,39	35,22,1,39	17,15,16,22		17,2,18,39	22,1,40	17,2,40	30,18,35,4	35,28,3,23	35,28,1,40	2,33,27,18	35,1	35,40,27,39	15,35,22,2	15,22,33,31	21,39,16,22	22,35,2,24
32 製造的難易度	28,29,15,16	1,27,36,13	1,29,13,17	15,17,27	13,1,26,12	16,40	13,29,1,40	35	35,13,8,1	35,12	35,19,1,37	1,28,13,27	11,13,1	1,3,10,32	27,1,4	35,16	27,26,18
33 操作的難易度	25,2,13,15	6,13,1,25	1,17,13,12		1,17,13,16	18,16,15,39	1,16,35,15	4,18,39,31	18,13,34	28,13,35	2,32,12	15,34,29,28	32,35,30	32,40,3,28	29,3,8,25	1,16,25	26,27,13
34 修理的難易度	2,27,35,11	2,27,35,11	1,28,10,25	3,18,31	15,13,32	16,25	25,2,35,11	1	34,9	1,11,10	13	1,13,2,4	2,35	11,1,2,9	11,29,28,27	1	4,1
35 適應性或靈活性	1,6,15,8	19,15,29,16	35,1,29,2	1,35,29,2	35,30,29,7	15,16	15,35,29		35,10,14	15,17,20	35,16	15,37,1,8	35,30,14	35,3,32,6	13,1,35	2,16	27,2,3,35
36 裝置的複雜度	25,30,34,36	2,26,35,39	1,19,28,24	26	14,1,13,16	6,36	34,26,6	1,16	34,10,28	26,16	19,1,35	29,13,28,15	2,22,17,19	2,13,28	10,4,28,15		2,17,17
37 檢驗與測量的困難度	27,26,28,13	6,13,28,1	16,17,26,24	26	2,13,18,17	2,39,30,15	29,1,4,16	2,18,25,31	3,4,16,35	30,28,40,19	35,36,37,32	27,13,1,39	11,22,39,30	27,3,15,28	19,29,39,25	25,34,6,35	3,27,35,16
38 自動化程度	28,26,18,35	28,26,35,10	14,13,17,28	23	17,14,13		35,13,16		28,10	2,35	12,35	15,32,1,13	18,1	25,13	6,9		26,2,19
39 生產能力	35,26,24,37	28,27,15,3	18,4,28,38	30,7,14,26	10,26,34,31	10,35,17,7	2,6,34,10	35,37,10,2		28,15,10,36	10,37,14	14,10,34,40	35,3,22,39	29,28,10,18	35,10,2,18	20,10,16,38	36,21,28,10

18 發光強度/亮度	19 移動物體的使用能量	20 靜止物體的使用能量	21 功率	22 能量的損失	23 物質的損失	24 資訊的損失	25 時間的損失	26 物質的量	27 可靠性	28 量測的正確性	29 製造精度	30 物體承受的有害因素	31 物體產生的有害因素	32 製造的難易度	33 操作的難易度	34 修理的難易度	35 適應性或靈活性	36 裝置的複雜度	37 檢驗與測量的困難度	38 自動化程度	39 生產能力
16,6,19	16,6,19,37			10,35,38	28,27,18,38	10,19	35,20,10,5	4,34,19	19,24,26,31	32,15,2	32,2	19,22,31,2	2,35,18	26,10,34	26,35,34	35,2,10,34	19,17,34	20,19,30,34	19,35,16	28,2,17	28,35,34
1,13,35,15			3,38		35,27,2,37	19,10	10,18,32,7	7,18,25	11,10,35	32		21,22,35,2	21,35,2,22		35,22,1		2,19	7,23	35,3,15,23	2	28,10,29,35
1,6,13	35,18,24,5	28,27,12,31	28,27,18,38	35,27,2,31		15,18,35,10	5,3,10,24	10,29,39,35	16,34,31,28	35,10,24,31	10,1,34,29	15,34,33	32,28,2,24	2,35,34,27	15,10,2	35,10,28,24			35,18,10,13	35,10,18	28,35,10,23
19			10,19	19,10			24,26,28,32	24,28,35	10,28,23			22,10,1	10,21,22	32	27,22				35,33	35	13,23,15
1,19,26,17	35,38,19,18	1	35,20,10,6	10,5,18,32	35,18,10,39	24,26,28,32		35,38,18,16	10,30,4	24,34,28,32	24,26,28,18	35,18,34	35,22,18,39	35,28,34,4	4,28,10,34	32,1,10,34	35,28	6,29	18,28,32,10	24,28,35,30	
34,29,16,31	3,35,31	35	7,18,25	6,3,10,24	24,28,35	35,38,18,16			18,3,28,40	13,2,28	33,30	35,33,29,31	3,35,40,39	29,1,35,27	35,29,25,10	2,32,10,25	15,3,29	3,13,27,10	3,27,29,18	8,35	13,29,3,27
11,32,13	21,11,27,19	36,23	21,11,26,31	10,11,35	10,35,29,39	10,28		21,28,40,3		32,3,11,23	11,32,1	27,35,2,40	35,2,40,26		27,17,40	1,11	13,35,8,24	13,35,1	27,40,28	11,13,27	1,35,29,38
6,1,32	3,6,32		3,6,32	26,32,27	10,16,31,28	24,34,28,32	2,6,32	5,11,1,23			28,24,22,26	3,33,39,10	6,35,25,18	1,13,17,34	1,32,13,11	13,35,2	27,35,10,34	26,24,32,28	28,2,10,34	10,34,28,32	
3,32	32,2		32,2	13,32,2	35,31,10,24		32,26,28,18	32,30	11,32,1			26,28,10,36	4,17,34,26		1,32,35,23	25,10		26,2,18		26,28,18,23	10,18,32,39
1,10,32,13	1,24,6,27	10,2,22,37	19,22,31,2	21,22,35,2	33,22,19,40	22,10,2	35,18,34	35,33,29,31	27,24,2,40	28,33,23,26	26,28,10,18		24,35,2	2,25,28,39	35,10,2	35,11,22,31	22,19,29,40	22,19,29,40	33,3,34		22,35,13,24
19,24,39,32	2,35,6	19,22,18	2,35,18	21,35,2,22	10,1,34	10,21,29	1,22	3,24,39,1	24,2,40,39	3,33,26	4,17,34,26	24,35,2					19,1,31		2,21,27,1	2	22,35,18,39
28,24,27,1	28,26,27,1	1,4	27,1,12,24	19,35	15,34,33	32,24,18,16	35,28,34,4	35,23,1,24		1,35,12,18		24,2			2,6,13,16	35,1,11,9	2,13,15	27,26,1	6,28,11,1	8,28,1	35,10,28,1
13,17,1,24	1,13,24		35,34,2,10	2,19,13	28,32,2,24	4,10,27,22	4,28,10,34	12,35	17,27,8,40	25,13,2,34	1,32,35,23	2,25,28,39	2,5,12			12,26,1,32	15,34,1,16	32,26,12,17		1,34,12,3	15,1,28
15,1,13	15,1,28,16		15,10,32,2	15,1,32,19	2,35,34,37		32,1,10,25	2,28,10,25	11,10,1,16	10,2,13	25,10	35,10,2,16	1,35,11,10	1,12,26,15			7,1,4,16	35,1,13,11		34,35,7,13	1,32,10
6,22,26,1	19,35,29,13		19,1,29	18,15,1	15,10,2,13		35,28	3,35,15	35,13,8,24	35,5,1,10		35,11,32,31		1,13,31	15,34,1,16	1,16,7,4		15,29,37,28	1	27,34,35	35,28,6,37
24,17,13	27,2,29,28		20,19,30,34	10,35,13,2	35,10,28,29		6,29	13,3,27,10	13,35,1	2,26,10,34	26,24,32	22,19,29,40	19,1	27,9,26,24	27,9,26,24	1,34	29,15,28,37		15,10,37,28	15,1,24	12,17,26
2,24,26	35,38	19,35,16	1,16,10	35,3,15,19	1,18,10,24	35,33,27,22		18,28,32,9	3,27,29,18	27,40,28,8	26,24,32,28	22,19,29,28	2,21	5,28,11,29	2,5	12,26	1,15	15,10,37,28		34,21	35,18
8,32,19	2,32,13		28,2,27	23,28	35,10,18,5	35,33	24,28,35,30	35,13	11,27,32	28,26,10,34	28,26,18,23	2,33	2	1,26,13	1,12,34,3	1,35,13	27,4,1,35	15,24,10	34,27,25		5,12,35,26
26,17,19,1	35,10,38,19	1	35,20,10	28,10,29,35	28,10,35,23	13,15,23		35,38	1,35,10,38	1,10,34,28	18,10,32,1	22,35,13,24	35,22,18,39	35,28,2,24	1,28,7,10	1,32,10,25	1,35,28,37	12,17,28,24	35,18,27,2	5,12,35,26	

第2篇

40則發明原理

解決問題的
流程圖

把到目前為止問題解決的過程整理成流程圖看看吧！

① 首先，把所持有的問題具體地寫下來。
此時，並不只是單純地寫下困擾的問題點，而是像這樣「想將＿＿＿變得＿＿＿（改善），但如此一來＿＿＿將會＿＿＿（惡化）」，先意識到在改善問題點時會造成惡化的地方，再來進入下一步會容易許多。

② 從「改善的事項」和「惡化的事項」中取出一組矛盾的組合

③ 對於矛盾的事項，選擇適用的特性參數

④ 從矛盾矩陣表中找出改善的特性參數以及惡化的特性參數，在這兩個參數的交叉點有對應的發明原理編號。若是在選擇特性參數時有疑惑，就把所有考慮到的參數再檢查一次即可。

⑤ 藉由發明原理的提示，想出解決問題的方案。

若還是無法順利找到解決方法的時候，就把①的步驟重新想過，或在②選擇不同的矛盾組合，然後再把③之後的步驟重做一次。

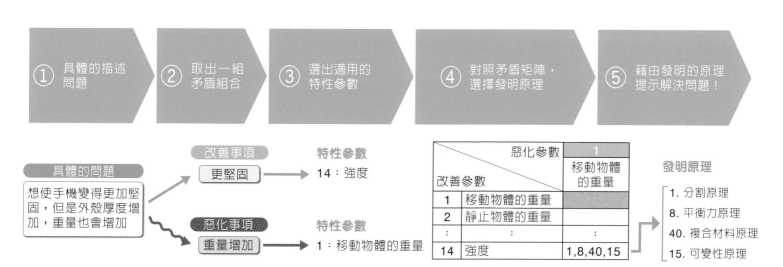

① 具體的描述問題 → ② 取出一組矛盾組合 → ③ 選出適用的特性參數 → ④ 對照矛盾矩陣，選擇發明原理 → ⑤ 藉由發明的原理提示解決問題！

具體的問題
想使手機變得更加堅固，但是外殼厚度增加，重量也會增加

改善事項
更堅固 → **特性參數** 14：強度

惡化事項
重量增加 → **特性參數** 1：移動物體的重量

	惡化參數	1 移動物體的重量
改善參數		
1	移動物體的重量	
2	靜止物體的重量	
:	:	:
14	強度	1,8,40,15

發明原理
1. 分割原理
8. 平衡力原理
40. 複合材料原理
15. 可變性原理

把發明原理
記下來

到了這裡，讀者們對TRIZ解決問題的威力和效用應該有些許的體會了吧。

然而，就算認識了發明原理，但是對矛盾矩陣表上的數字，如果還是停在得一個一個對照、查找對應原理的狀態，那麼對於應用在現有問題的解決和實際的發明時，應該也還是會感到不踏實吧。

實際上，必須要能一看到號碼就馬上聯想到對應的原理，才能自然地出現「對了！這麼做就可以了！」的想法，畢竟說到底，跟其他所有的知識一樣，TRIZ的發明原理也是必須要將40則全部記入腦中、深入內化成為自己的東西後，才能運用自如。

也就是說，必須將40則發明原理完整地記憶起來，才能發揮它真正的威力。

如此一來，就算沒有用矛盾矩陣，在日常解決問題的時候，也能極其自然地像這樣：「這邊如果用〈#7 套疊原理〉的話……」、「這邊如果用〈#1 分割原理〉的話……」，以驚人的速度產生構想。

簡單來說，就是要成為擁有40個引導構想方法的人。

因此，我能夠理直氣壯地要求各位「**就像背40個英文單字一樣，把TRIZ的40則發明原理背下來吧！**」

話雖如此，要把40則全部記住，也不是一件很容易的事。

更進一步地說，是要在看到矛盾矩陣的當下，能馬上想到對應的原理，所以得將發明原理的編號和組合一起記下來。

要這麼做，如果是在擅長死記硬背的學生時代或許還可以，但是一般的成人可能就會想要舉手投降吧？

有沒有什麼不論是誰都能記住、創新的記憶方法呢？

在經歷過一連串嘗試和失敗後，我所想出的方法也就是本書所採用的分類、緊接要登場的**不可思議數字圖案**。

發明原理的
標誌化

在翻閱本書的時候，應該會看到許多不習慣的數字形狀設計。

例如：

是把1和一個圓結合在一起，或是：

此圖雖然是數字13，但是把上下顛倒了。

事實上，這些是我為了要幫助記憶這40則發明原理所想出的標誌，稱為發明原理的標誌化。

TRIZ的40則發明原理，是以1到40來編列號碼。

像1號是「分割原理」，13號是「反向思考原理」。

要使這些號碼能表現出他們所代表的原理，就要利用剛剛提到的標誌化（標誌）。

於是，1被圓分割成3份所以是「分割原理」。13是轉過來上下顛倒所以是「反向思考原理」。

至於其他標誌的說明，由於接下來在各原理的介紹中都會有詳細的解說，所以此處便專門對標誌化的威力作更進一步的介紹。

利用標誌化來記住TRIZ的40則發明原理，不只是一對一的把對應的原理名稱記起來而已，還能自然地聯想到使用該原理所能做到的成果，也就是能夠把成果圖像化。

換言之，一邊記住發明原理，一邊也會自然地去思考該原理的應用方法。

知識將不再只是躺在書桌上的東西，而是像俗話說的，成為「自己的力量」。

無論如何，在學習新事物的時候「是否有設想到成果」，所造成的差異性非常大。這對於看到事物時，是否會在腦中留下印象有決定性的影響。

首先，請環顧周遭的事物，思考看看「這個是用了什麼方法？是用了哪一個發明原理？」

像這個樣子，將平常常看到、使用的物品搭配上「適用的發明原理」，再配合標誌就能很快地記起來。並且，還能當作是創意發想的訓練。

而生活周遭的各種發想也就能因此輕易地在腦海中留下印象，之後在幫助解決問題的正確率也會大幅上升。

發明原理的
順序和
9個組別化

本篇接下來便會將40則發明原理，大致上依照與編號相同的順序來劃分成9組進行說明。

舉例而言，首先會把以「分割」為共通點的〈#1 分割原理〉、〈#2 分離原理〉、〈#3 局部性質原理〉、〈#4 非對稱性原理〉分為一組來介紹。

發明原理是依照編號順序，隨著1～40數字的增大，內容也從抽象逐漸轉為具體。因此，組別的分類也很自然地（雖然有部分例外）依發明原理的順序，每四個，如「分割〈#1～#4〉」、「組合〈#5～#8〉」、「事先〈#9～#12〉」……分為一組。

這也是由於我注意到，將發明原理依序、約每4個便依共通點分為一組，並加上各組名稱，在學習發明原理時可以產生連貫性，幫助說明和記憶。

此外，一開始的12個原理（〈#1～#12〉）屬於「構想類」、接下來的16個原理（〈#13～#28〉）是「技巧類」、最後的12個原理（〈#29～#40〉）則是「物質類」，發明原理也可以更進一步地像這樣分為3大類。

大致來說，「構想類」並不只限於特定的對象，而是能廣泛應用的發明原理。「技巧類」則是一般適用於特定系統之上的發明原理。最後的「物質類」，由於是具體性最強烈的一類，所以每一個發明原理的適用範圍都相當狹隘，但也是能最快看到效果的一類。

再者，由於各發明原理在適用的範圍上會有重疊的地方，因此在各組中先選擇一則中意的發明原理來記憶，也能幫助提升記憶所有發明原理的效率。

發明原理的重疊

我在說明發明原理的時候，常會被問到一個問題。那就是關於各個發明原理間的不同，像是「○○這種創造方法是屬於〈#1 分割原理〉？還是〈#2 分離原理〉呢？」這種問題。

這個問題的答案通常是「哪一個都可以」。這是因為40則發明原理「並沒有明確的界線，而是彼此相互重合的」。

●MECE狀態

1：分割	2：分離
3：局部性質	4：非對稱性

●發明原理並非MECE狀態

1：分割　2：分離　4：非對稱性　3：局部性質

MECE（排他性且全面性）分析法是用類似於以3C分析和SWOT分析為代表的「狀況分析」架構，雖然效率頗佳，但發明原理並非這樣的分析法。

那如果把40則發明原理重新整理成MECE的狀態是不是會比較好呢？

答案是No。其中一個理由是追求「分析性的問題解決方法」和追求「創造性的問題解決方法」是不同的。

分析性的方法是以尋找「所有可能的選項中，最好的方法是什麼？」為目的。此種情況下的優先要務是「沒有遺漏全面性地確認」，而非追求「為了解決難題，創造出新的方法」。

在極端的情況下，就算知道「沒有遺漏全面性地確認」後的結果是「無法解決難題」，但就分析而言已算是「完成任務」了。此外，也正因為是MECE的狀態，所以可以確認已完成所有的分析。

另一方面，像TRIZ這樣的創造方法，比起「沒有遺漏全面性地確認」，反而是以「至少要創造出一個好的解決對策」為目的。

而為了創造出「好的解決對策」，比起發想的質量，「數量」更為重要。因為所謂「真正創新的解決方案」，大多是像「哥倫布的蛋」一樣，是能夠跳脫出事先設想的「既有框架」者。

發明原理也是，比起MECE，由於有重複之處，所以能適用的範圍也更廣，更能產生出較多的創造方法。

另外，雖然要一次記住40則發明原理不太容易，不過一旦先記住具有代表性的9則原理，便能輕易地將各種生活周遭常見的巧思搭配上適用的發明原理。（哪些是具代表性的發明原理，請至第186頁「發明原理標誌40 on 9宮格法」確認！）

發明原理
介紹頁的
閱讀方式

自下頁開始，會將各個發明原理都以橫跨左右兩頁的篇幅來進行介紹。

左頁上方的①是「發明原理標誌」、「發明原理名稱──簡稱」和「發明原理的英文名稱」；左下的②則是發明原理標誌的由來，以及標誌的書寫順序。為了要方便書寫，標誌都盡量設計在3筆畫內即可完成，請務必試著寫寫看。接著的③和④是發明原理的概要、說明和具體實例。

右頁則是像下圖⑤的樣子，將發明原理的具體實例，以插畫的方式列舉出6則；而在⑥的地方，有將相關的發明原理標誌也一併列出，所以本頁也可以作為輔助發想創造方法的實例集。

下方的⑦是介紹和其他發明原理的關係，⑧則是列出與此發明原理相關聯的用語以及具體實例。在⑧的具體實例最後，是以「、」結尾。這麼做的用意是為了讓讀者可以將新發現的具體實例追加記入，作成自己專用的實例集。

在每組別內所涵蓋的發明原理都介紹完畢後，有從日常生活中發現該組別發明原理的觀察和實作練習。

請讀者務必動手動腦，把發明原理融會貫通成為自身的力量。

構想類

～不局限於特定的對象，能廣泛應用的發明原理～

構想類
第1組

分割

要整頓複雜的狀況，或可稱作權衡取捨，也就是在解決一邊成立，另一邊就無法成立的狀態時要能產生功效，就要**分開**來思考。

由受到具體「事／物」束縛最少的發明原理集合而成的構想類，作為其中第一組的「分割」，可以說是最具通用性的發明原理。

「分割」原理更進一步地分為4種，依照〈#1～#4〉的順序，分別從「容易分割」對應到「較難分割」。

〈**#1 分割原理**〉是將男女、年齡等這種既分類好的事物再做**更精細的區分**，將複雜的事物單純化，消除必須取捨的狀態。

　　　〈**#2 分離原理**〉也被稱為**抽出原理**。從眾多、混雜的事物中，**分離、抽出**特定的集團／物質。

但，不是所有的「事／物」都能被畫出明確的分界線，簡單地一分為二。在想要分割但無法分割的情況下，也有將此種「事／物」**偏向某一部分**來解決的情形。也就是〈**#3 局部性質原理**〉。

在目標的「事／物」是固體的情況，而難以偏向用特性或濃度來做區分時，利用形狀或數量來**分成大小兩個部分**的則是〈**#4 非對稱性原理**〉。

如上述般，在利用這4則發明原理進行「分割」時，會對於周遭「事／物」所涵蓋的巧思有進一步的認識。因此，除了單純的「分割」外，還能學習到更高階的方法。

各個發明原理間的關係，雖然並非像MECE（排他性且全面性）這樣的架構，但為了幫助理解，在右頁刊載了以「**抽象性⇔具體性**」和「**形狀的變化⇔分布的變化**」為兩軸的圖示說明。

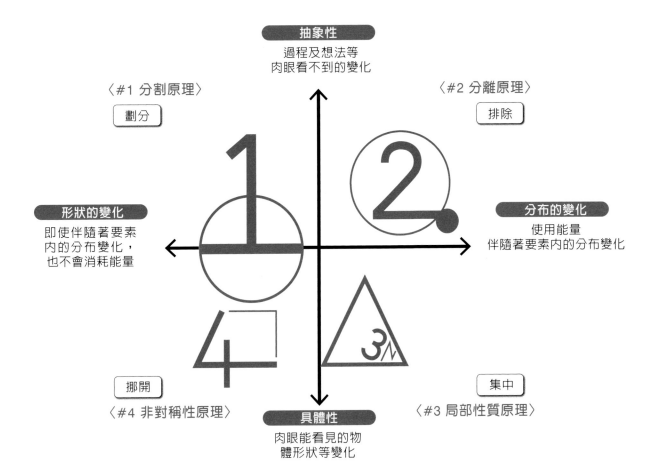

1 分割原理

—— 分割

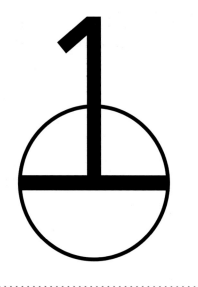

「分而治之（Devide et impera）」是一句自古羅馬時代便流傳至今的格言。〈#1 分割原理〉正如其名，是一個依靠分割來解決問題的原理，在很多情況下都可以應用，作為發明原理第1則再適合不過。

此標誌是以1將○分隔開的樣子來表示（像把披薩切成4等分一樣）。

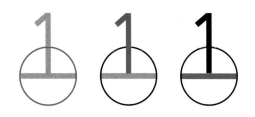

以空間、時間、相互關聯問題等各式各樣的「事／物」作為**分割**的對象。

以**空間的分割**爲例，有將桌子、工具箱、便當盒的內部做**區隔**的分割，或者是家中客廳、臥房、浴室做**使用**上的區分，甚至是地球上以**國家**做區分等。不論是上述何者，只要想像「若是它們都完全沒有做分割的話會如何？」便一定能感受到〈#1 分割原理〉的效力。

也有的是將有限的資源，利用**時間來分割**的方式。如會議室和市民活動中心的預約、溫泉旅館依據時間將大浴場做男女輪流入浴的切換、露天溫泉的使用，還有電腦的CPU處理也是利用時間將資源做**「（時間的）分割」**來解決問題。

再更進一部地探討〈#1 分割原理〉的話，會有**「加強分割的程度」**、**「簡化分割的難易度」**等技巧（**輔助原理**）。

例如將「男女別」進一步分爲「男女別／年齡層別」，將顧客群作更詳細的區分，並對應不同區隔使分期付款的時間可從12期改至36期，便是所謂「加強分割的程度」。

「簡化分割的難易度」則是像片狀巧克力或咖哩塊一樣，預先設有分割好的**溝槽**。而列車由於已經分割成各節車廂，因此能從10節車廂的列車改爲6節車廂，也是和這個輔助原理相關。

發生困擾的時候先分割狀況，或是把至今的應對方法分割來思考看看。

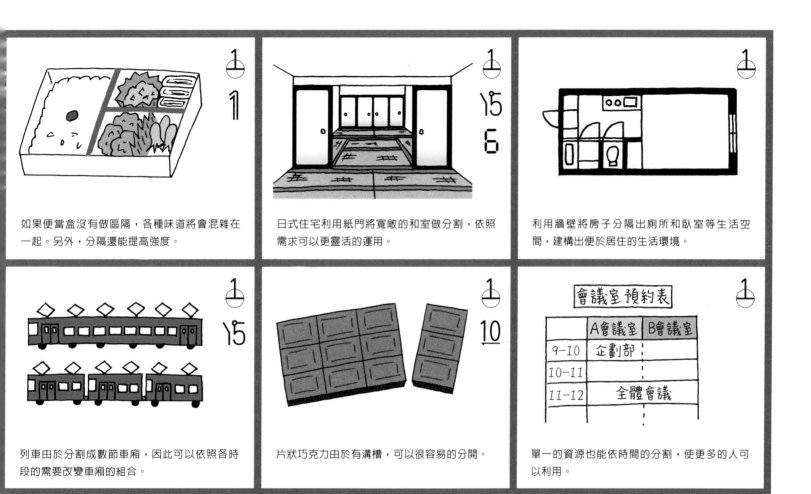

如果便當盒沒有做區隔，各種味道將會混雜在一起。另外，分隔還能提高強度。

日式住宅利用紙門將寬敞的和室做分割，依照需求可以更靈活的運用。

利用牆壁將房子分隔出廁所和臥室等生活空間，建構出便於居住的生活環境。

列車由於分割成數節車廂，因此可以依照各時段的需要改變車廂的組合。

片狀巧克力由於有溝槽，可以很容易的分開。

會議室預約表		
	A會議室	B會議室
9-10	企劃部	
10-11		
11-12	全體會議	

單一的資源也能依時間的分割，使更多的人可以利用。

「先注意組合的方式，再進行分割」，將能提升適應性和靈活性。此外，為了要簡化分割的難易度而預留溝槽，和操作的難易度也是息息相關。

關聯用語| 分割、區分分割、狀況分割、細分、要素區分、段落分割、時間分割、行程安排、部分、水平分工、粉末化、奈米、

具體實例| 便當盒的區隔、片狀巧克力、咖哩塊、咖哩粉、列車的編列、使用會議室的時間分割、溫泉男浴／女浴的時間分割、CPU處理、奈米粒子、

〈#1 分割原理〉是將本來就容易分開的事物進行分割的原理，〈#2 分離原理〉則是藉由「特意的」、「使用能量的」去進行分割、「除去」、「抽出」而產生些微不同的原理。也被稱作為抽出原理。

此標誌是在○內一邊描寫2的時候一邊逐漸集中起來，最後在○外形成一個小黑點的樣子。

〈#2 分離原理〉是將自然融為一體的事物，有意識的（=有使用能量或花費工夫的）分割成2個以上的發明原理。

燉煮時去除雜質、只使用雞蛋的蛋黃、用海帶煮出湯汁等，做料理時常能觀察到這些現象。

　　如上述只**抽出有益的部分**，並**去除有害、無用的部分**，在工廠中像這樣的過程頻繁地在發生。而且工廠為了要確保安全，會在講究專門性的場所，以**非相關人士禁止進入的方式**，和一般的區域產生**空間上的分離**，以去除風險。

在有**人車分離**號誌的十字路口，分離行人過馬路的時間和車輛通行的**時間**以確保安全性。

至於抽象事物的例子，則可以用「**限縮對象的行銷**」為例，以「住在東京都內，60歲以上曾到過國外旅行的人」做為**抽出條件**，比起單純的區分分割〈**#1**〉，能獲得**純度更高的集合**，並能想出專為特定客戶打造的方案。像入學考試的選拔也是抽出的一種。

在權衡取捨的情況發生時，**空間的分離、時間的分離、條件的抽出／分離**，注意到這3點的話，就能輕鬆地建立解決問題的程序。

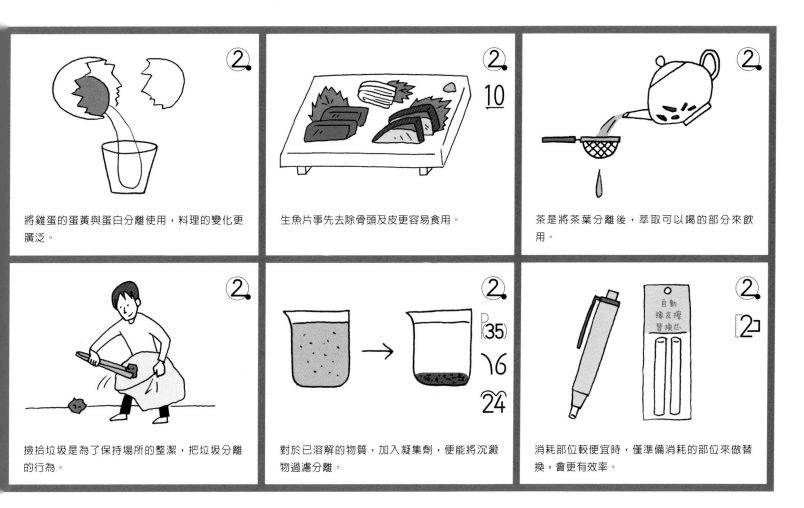

將雞蛋的蛋黃與蛋白分離使用，料理的變化更廣泛。

生魚片事先去除骨頭及皮更容易食用。

茶是將茶葉分離後，萃取可以喝的部分來飲用。

撿拾垃圾是為了保持場所的整潔，把垃圾分離的行為。

對於已溶解的物質，加入凝集劑，便能將沉澱物過濾分離。

消耗部位較便宜時，僅準備消耗的部位來做替換，會更有效率。

〈#2 分離原理〉除了事後的分離，還包含了事前〈#10〉的應用，跟〈#25〉能自動分離的特性，因此可以達到很大的效果。例如僅把消耗品的部分做分離替換的設計等等。

關聯用語| 限縮、抽出、隔離、擷取、去除、選拔、替換、壓縮、熬煮、過濾、沉澱、以外、以上、未滿、

具體實例| 抽出對象、生魚片、去除雜質、醬汁、茶、流理台三角架、人車分離號誌、除去有害物、撿拾垃圾、數據化、縮印版、

3 局部性質原理

—— 局部

Local quality

這個標誌是把在三角形內散布的「東西」，利用數字3聚集在一角。

無法分割、不適合分割的時候，經常會利用「將其偏向特定一邊，分為較強與較弱之處」而順利解決的情況。〈#3 局部性質原理〉就是藉由將局部的特性改變，來進行「增強減弱」的操作。

紙幣和高爾夫球桿都是傾向某一處來製作，大量的運用了〈**#3 局部性質原理**〉。

如紙幣的**浮水印**，是利用相同的原料，就紙張的厚度做**局部性的增強減弱**來製成。

此外，紙幣上的「全息圖膜」、「僅反射一部分的珠光油墨」、「部分的線上有NIPPON的極小字」等設計，都是利用局部性的不同，達到不易偽造的效果。

紙幣還添加了以手觸摸就可以辨識的印記，因此紙幣簡直可以說是〈**#3 局部性質原理**〉的藏寶庫。

像紙幣這種平常就會隨身攜帶的物品，若能注意到它的發明原理並仔細觀察的話，在必要的時候將能成為**幫助發想的有力小**道具。

另外，像多角線橡皮擦把**局部特性擴張到整體**的方式，也是此原理其中一種應用實例。

偏向強化某一部分的例子，並不僅限於物理性的東西。商店的**限時特賣、特定時期**的折扣季和部分付費會員獨享的專屬優惠等，也是**局部應對**的一個例子。

當改變全體將會花費龐大成本的情況下，可以考慮看看是否能用**局部性的改變**（或偏向）來解決問題。

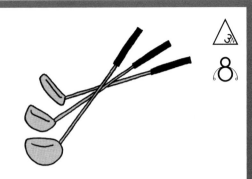

高爾夫球桿將重量重點式的分配在桿頭的部分。

免費儲值商業策略是在部分的付費高等會員和多數的免費會員之間，會偏向給予付費方較多的優惠。

KOKUYO
「多角線橡皮擦」

有著大量局部「尖角」的橡皮擦，能輕易地擦去細小的地方。

手銬只拷住手腕的局部部位，便能達到拘束全身的目的。

紙幣有著浮水印、隱藏文字與些微的凹凸等為了防止偽造所設計的各種局部特性。

不用把整個房間吹涼，只要針對需要的地方吹涼即能節省能源。

進行局部性改變即是〈#3 局部性質原理〉，其代表案例是在部分上特殊色〈#32〉、改變厚度〈#17〉的紙幣。若是和〈#35 改變參數原理〉結合應用更能提高解決問題的可能性。

關聯用語| 增強減弱、偏向、極端、濃縮、部分、特徵、僅部分、變形、強化、一時性、限定、優惠、

具體實例| 高爾夫球桿、多角線橡皮擦、紙幣（浮水印、凹凸、局部拋光、插入文字）、麻將的花牌、手銬、限時特賣、

4 非對稱性原理
—— 非對稱

人們在要設計些什麼的時候，通常都會畫成相等對稱的形狀。確實，在許多的場合這麼做都能很順利。然而，在無法順利進行時，破壞對稱改採非對稱，有時反而能輕鬆地解決問題。這也就是〈#4 非對稱性原理〉。

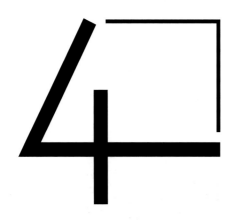

此標誌是由「不對稱的4」，和被稱為是「非對稱四角形」的梯形所組成。

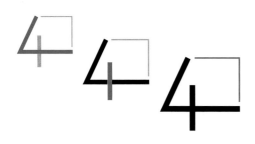

活用〈**#4 非對稱性原理**〉的例子有HDMI以及Micro USB的接頭。它們並不是採用長方形或圓形這類對稱的形狀，而是略微**不對稱**的設計。藉由此種設計，能使接頭以正確的方向插入。

大家應該都有因為USB怎樣都插不進去而感到煩躁的經驗吧！這正是由於USB接頭的外觀是對稱長方形的緣故。

計憶卡和SD卡等，會藉由把外型的四角切去其中一角，讓使用者能輕易地判斷插入的方向。

其他還有像在杯子上加上把手，汽車加速器和煞車踏板作**形狀不同**的設計等，也都是〈**#4 非對稱性原理**〉的例子。

採用非對稱也能產生多樣性。如新幹線的座位不是採2-2而是用2-3的不對稱安排，

如此一來便能對應3人、4人、5人、6人等不同人數的團體。

利用**非對稱的形狀**甚至可能因而取得重力和電力等**動力**。如電池就是利用金屬電極的不對稱性產生電力。

而槓桿原理就是從支點開始採用非對稱性的距離，因此能產生更大的力，移動的距離也更遠。

具有對稱性雖然看起來較為美觀，但是〈**#4 非對稱性原理**〉卻教了我們破壞對稱性會使可能性更加寬廣。

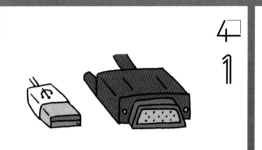

連接部位作成梯形或設有突起等設計，是為了避免使用者將其插反的巧思。

把記憶卡四方形的一角切除，方向不對便無法插入插槽內。

將不對稱的金屬插在檸檬上便可以像電池一樣，利用非對稱性產生出能源。

球棒握的部位與打擊的部位呈現粗細不同的非對稱性。手套也由於是單手，因此接球與投球能更加流暢。

攝影機為了讓單手也能穩穩地拿著，而只在其中一邊設置手帶。

日本象棋（將棋）由於每顆棋子的移動，及相互的移動方向都是非對稱性的，所以更加有趣。所謂的讓子也是利用非對稱性來平衡棋手間的實力差距。

連接處採用非對稱性，能防止因錯誤連接造成的損壞。此時，若能設置引導裝置〈#16〉便能更順利的連接。另外，對於採用對稱性會導致不穩定的事物，也可以利用非對稱性來取得平衡使之穩定。

關聯用語| 梯形、缺角、突起處、大小、不一致、讓步、強加對稱性、破壞平衡、相互差異、把手、對應整體、

具體實例| 電池、連接器的連接部位、記憶卡的缺角、棒球棒、攝影機的手帶、象棋等各種遊戲棋子的移動及讓子、箭頭、

觀察發明原理「分割」4則原理

⋯ 浴室

說到會讓人浮現想法的地方，答案絕對脫離不了浴室。在本書所介紹的發明原理標誌中，有好幾個也是在浴室裡想到的。就從這樣的浴室中，來找找看「分割」的4則原理吧！

進入浴室首先會看到的是浴缸。亦即**沖澡的地方和浴缸是「分開的」**。沒錯，這正是〈**#1 分割原理**〉。

如果像外國一樣，在浴缸內沖澡的話，泡澡水會變髒。在會發生有害作用的時候，請先思考若是將浴缸和沖澡的地方以能看見的方式**分割**開來的話會如何。

浴室平常在使用時，若是水蒸氣飄到其他房間，並隨著濕度增加而結露或形成黴的話便會造成困擾。仔細思考的話，浴室大部分都是「分離」於家中的一角，利用窗戶或**換氣窗使濕度可以向外部排出（去除）**。這個方法是將〈**#2 分離原理**〉抽象化，使發想的範圍因而又更加寬廣。

接著在浴室裡會注意到的應該是**淋浴設備**對吧？如果不是使用淋浴設備，而是利用水桶舀水來沖洗頭髮和身體的話，則會耗費許多的洗澡水。

取剛剛好的水量，一滴不漏地淋在頭上確實可以省水，但也會增加把整個頭都打濕的時間。此時，試著利用〈**#3 局部性質原理**〉想看看，會發現淋浴設備是利用**把細小的水流集中到局部**，一次性地解決「省水」和「浪費時間」的矛盾。

像這樣子，能馬上聯想到發明原理的話，就會發現只要淋浴設備是「便利的」，便代表「它所運用的技巧同時也能作為解決其他問題的啟發」。也就是說，將所持有的問題試著作局部性質的改變，或是像淋浴設備的方式，試著作成有局部性質的細束等，便能想出適合的解決方法。

最後，在泡完澡後，把泡澡水從浴缸中流出時可以觀察到一件事。

當我們想到浴缸的形狀時，腦中浮現的樣子通常是對稱的長方形（長方體），然而如果細看的話，便會發現實際上，**浴缸的底部是呈現稍微向排水孔傾斜**的樣子。這是利用底部少許的**非對稱性**和**重力**，使泡澡水可以更快地排出。

覺得怎麼樣呢？是否有覺得到就算只記住4則發明原理，浴室也能因此成為發想以及解決問題的場所呢？

觀察發明原理「分割」4則原理

⋯⋯ 用餐與料理

用餐與料理的過程是「切割」4則原理的總和。

首先，便當盒的**區隔**是〈**#1 分割原理**〉。

與便當盒相同的，用餐時「飯」、「味噌湯」、「菜餚」，利用**器皿來分開**也是分割〈**#1**〉。

一個人住的時候因為洗碗很麻煩，所以有時候會全部混在一個大碗裡吃，但是在吃精緻料理的時候，果然還是「分開」來吃會比較好吃。

調理則是〈#2 分離原理〉的延伸。**去除雜質、骨頭**這種一說就懂的作法當然包括

在內，另外則還有碾米把米糠分離、利用**濾網**去除纖維使之平滑等，不勝枚舉。

〈**#3 局部性質原理**〉也是隨處可見。例如醬油只沾在生魚片的**一小部分**上、只在**魚皮上灑鹽**等，**局部性地使用調味料來消除味道與鹽分的權衡問題**。

還有，牛排要煎的好吃，訣竅是把煎鍋用高溫預熱後，只先將牛排的**表面**迅速煎熟。

在用餐時最貼近我們身邊的〈**#4 非對稱性原理**〉應該就是**筷子**。由於筷子的外型是手握的地方粗，前端則是細的這種**不對稱**形狀，所以可以很方便的用來剔除魚刺等，對日本人而言是不可或缺的存在。

西方的叉子和刀子也是，追溯歷史的話，最先是採用「兩手都拿刀」這種左右對稱的形式。接著叉子被發明出來，並且因為**左右手不對稱的情況反而更方便**，而定型成為現在的樣子。

叉子的前端，隨著2齒、3齒、4齒的增加，和刀子的非對稱性也逐漸擴大。手拿刀叉，看到叉子前端是4齒時，請回想起〈**#4 非對稱性原理**〉。

任誰都有因為遇到問題感到焦慮，缺乏靈感、食不下嚥的時候，然而若是應用發明原理，在用餐時思考「加入隔板的話會如何？」、「只在表面做變化的話會如何？」，便能有意義地把用餐時間也當作問題解決的時間來利用。

記住發明原理，即使在遇到問題時也能氣定神閒的用餐吧！

「分割」4則原理 ▶▶▶ 手

(a) **手有5隻手指**
➡ 〔發明原理 ⊥ 〕 （提示：將1件事物分成5件……）

(b) **5隻手指只有大拇指的方向不同**
➡ 〔發明原理　　　　〕 （提示：破壞對稱性）

(c) **指尖的指甲是由皮膚分化變硬而成**
➡ 〔發明原理　　　　〕 （提示：指尖的性質產生變化）

(d) **指甲剪了也不會痛**
➡ 〔發明原理　　　　〕 （提示：指甲沒有血管與神經）

(e) **手指由關節分成3節**
➡ 〔發明原理　　　　〕 （提示：將1件事物分成3件……）

接下來，請使用隨時都在「手邊」的手，來進行尋找發明原理的實作練習。

首先(a)手分成5根手指是〈**#1 分割原理**〉。

手指沒有分成5根時的不便，戴上連指手套時便能清楚地感受到。

(b)大拇指如果與其他的手指同方向、形狀的話也會產生不便。這是〈**#4 非對稱性原理**〉。

而(c)的指甲，只有指尖的部分局部性的變硬，因此是〈**#3 局部性質原理**〉。

另外，不論是用指甲去拉扯東西，或(d)

在指甲太長時修剪也不會感覺到痛，這是因為指甲沒有血管跟神經的關係，也就是〈**#2 分離原理**〉。

不僅是指甲，皮膚的最上層（角質層）同樣也沒有血管經過。多虧於此，即使稍微擦傷也不會流血。

最後，(e)手指由關節分成3個部分，則與(a)相同，是〈**#1 分割原理**〉。

像這樣子，把一直都在「手邊」的手用發明原理「做上標記」，碰到困擾時保證能成為救援神手！

⊥ 2. △ 4

WORK	「分割」4則原理 ▶▶▶ 煮咖哩

ⓐ 削掉紅蘿蔔及馬鈴薯的皮
➡〔發明原理　　　　〕（提示：把皮分開）

ⓑ 為了方便食用，把紅蘿蔔和馬鈴薯切成一口的大小
➡〔發明原理　　　　〕（提示：分割成小塊）

ⓒ 為了避免煮的太爛，先把肉和蔬菜的表面炒過
➡〔發明原理　　　　〕（提示：在表面這種局部……）

ⓓ 比較容易煮爛的馬鈴薯晚一點再放入鍋內
➡〔發明原理　　　　〕（提示：改變烹煮的時間）

ⓔ 除去在烹煮時產生的雜質
➡〔發明原理　　　　〕（提示：去除雜質）

ⓕ 為了使咖哩塊較容易溶解所以剝開放入
➡〔發明原理　　　　〕（提示：藉由分割使咖哩塊……）

會對整體產生影響，只是改變表面的狀態，因此是〈**#3 局部性質原理**〉。

接著ⓓ，將容易煮爛的馬鈴薯利用**時間的分割**之後再放入。是將相同的時間烹煮馬鈴薯會較容易煮爛的問題，用「**烹煮時間的不對稱性**」來解決，因此是〈**#4非對稱性原理**〉的其中一個實例。

在烹煮期間ⓔ去除雜質，由於是把**雜質**做「**分離**」，所以和ⓐ一樣是〈**#2 分離原理**〉。

最後，ⓕ把咖哩塊**剝開**放入。顯而易見地是〈**#1 分割原理**〉的實例。剝開本身當然是〈**#1**〉，但將咖哩塊「**為了方便剝開而事先設有凹槽**」也是〈**#1 分割原理**〉的另外一種應用形態。

那麼，最後請在這4則「分割」原理中，選出1則你認為最實用的原理。
〈**#　　　　原理**〉

ⓐ的**削皮**是把紅蘿蔔的皮與可食用的部分「分離」，因此是〈**#2 分離原理**〉。另一方面，像ⓑ一樣，為了方便食用切成一口大小的樣子，是〈**#1 分割原理**〉

的最佳範例。

ⓒ為了防止煮爛而先將食材炒過，這是利用翻炒將**表面的部分**用油覆蓋，由於不

第 2 篇　40 則發明原理 ┃ 47

更多TRIZ：
聰明的小人（SLP）

TRIZ除了發明原理之外，還包含有其他各種擴展發想框架的方法（工具）。在每介紹完一組之後，就會介紹和發明原理相關的其他經典發想工具。

在此便要介紹和4則「分割」原理有緊密關係，名為**SLP（Smart Little People：聰明的小人）**的發想工具。

在圖解「止血構造」時，大多都會將血液中的「紅血球」、「白血球」、「血小板」等細胞用**擬人化**的方式呈現。

各個細胞就像擁有智慧的**「聰明小人」**能自主思考、合作，使傷口結痂和消滅細菌。小人們在自由行動中，達成了**「意想不到的效果／解決方法」**。

SLP正是這樣的想法，把目標物細分再細分地「分割」之後，若每個細分的部分都能成為「聰明的小人」（也有流派將其稱為**魔法之粉Particle**）可以自由行動的話，將能獲得什麼樣的效果或解決方法呢？

藉由「聰明的小人」或「魔法之粉」來思考，會排除平時固有的想法（TRIZ將之稱為**心理的惰性**），進而將發想的框架擴大。

例如用SLP來試著想出**「創新的OK繃」**。

除了先前提到的紅血球、白血球、血小板等小人外，設想OK繃的表面也有「聰明的小人」存在。

這些小人究竟能做些什麼呢？

OK繃上的聰明小人也許可以支援白血球、與細菌對抗、積極的和血小板結合、吸收紅血球的二氧化碳再還原為氧，以及對應血液檢查的結果進行作用等等。

如此這般，創新OK繃的想法便會源源不絕地湧現出來。

而且隨著記住的發明原理增加，這種聰明的小人能發揮的領域（性格設定？）也會增加。並且，利用不同性格小人間的合作（組合），發想將能擴展至無限組合的境界……。

那麼，接下來讓我們前進到下一組：「組合」的4則原理吧！

Divide each difficulty into as many parts as is feasible and necessary to resolve it.
（將困難分割吧。）

《方法論》勒內・笛卡爾（René Descartes）

構想類 第2組

組合

將兩種事物組合，創造出新的事物。作為發明原理第2組的「組合」，可以說是創造的最基本。

東京大學講授創造性的i.school也將創新（Innovation）二字定義為**「新的結合」**。

「結合A與B，創造出新的X」，社會上很常見到這種方法與說明，但發明原理〈#5～#8〉相較之下是更加深入的探討，並展現出4種「更精練的組合方法」。

〈**#5 組合原理**〉又稱為合併原理，是「將在同一時間／場合使用的物件，做一體化／並列化的組合」的原理。

另一方面〈**#6 多功能原理**〉則是「使單一個物件能在複數場合使用」。也可以是「一人分飾兩角，避免浪費」。

〈**#7 套疊原理**〉是「在內部做組合，設想分層」，主要是應用在減少體積。

〈**#8 平衡力原理**〉是考量到平衡，以組合所產生的附加效果（減輕重量等）為目標。

如右頁所示，為了幫助理解而將此4則原理的關係，以「抽象性⇔具體性」及「同時利用性⇔時間分離性」為兩軸，繪製成圖示來強調說明。

雖然接下來都會依序做詳細的介紹，但最應該要優先記住的就是〈#5〉的組合原理，因為它涵蓋了所有關於「組合」的內容。

在發現運用了「組合」的創造方法時，馬上畫下〈#5〉的標誌，是將發明原理純熟運用的第一步驟。

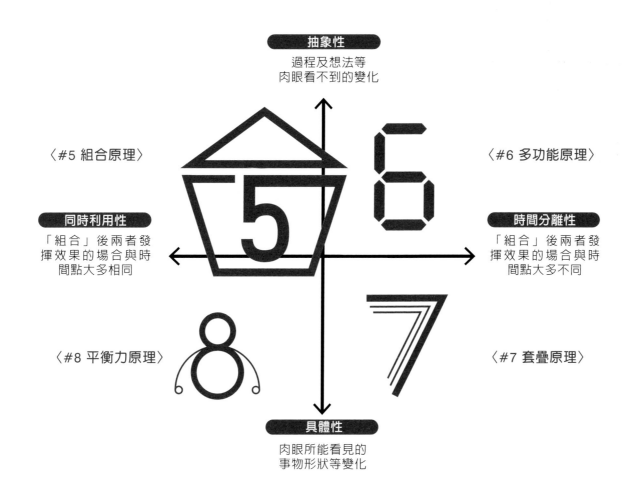

抽象性
過程及想法等
肉眼看不到的變化

〈#5 組合原理〉

〈#6 多功能原理〉

同時利用性
「組合」後兩者發
揮效果的場合與時
間點大多相同

時間分離性
「組合」後兩者發
揮效果的場合與時
間點大多不同

〈#8 平衡力原理〉

〈#7 套疊原理〉

具體性
肉眼所能看見的
事物形狀等變化

5 組合原理
―― 合併

〈#5 組合原理〉是將2個以上的事物嘗試做結合,可以說是創造中最基本的一項原理。也被稱做合併原理,最常見的是將被應用在同一場合的物品作組合的例子。

此標誌是將三角形和由數字5的第2畫延伸出來的四角形做組合形成的五角圖形。

附橡皮擦的鉛筆或自動筆、紅／藍雙色鉛筆、香水橡皮擦、沙拉醬(油+醋),以及各式各樣的調酒等,都是由在同一場合會使用到的物品所組合而成。無論是上述何者,在組合後都比組合前更有吸引力。

像這樣,「把在同一場合會利用到的物品做密切的結合」進而產生1+1大於2的效果,正是〈#5 組合原理〉的特徵。例如音樂CD聯合電視廣告提高銷售量。

藉由組合也能產生出新的行業。

像「外送披薩」是「快遞+披薩店」、「女僕咖啡廳」是「女僕+咖啡廳」、「迴轉壽司」則是啤酒工廠的輸送機和壽司吧檯的異業結合。

在遊戲的世界,有槍+射擊以及動作+RPG(角色扮演遊戲)等,遊戲和技術,

藉由不同類型的組合,時常能開闢出嶄新的風格。

把在同一場合所使用幾乎相同種類的物品以串聯、並列的方式組合也是〈#5 組合原理〉的一種,像拖把、梳子、鋼琴都是。如果想像「梳齒只有2根的梳子」或是「只有一組音階的鋼琴」,應該就能理解〈#5 組合原理〉的效果。

這也能適用在商店,比起只有一間孤立的店家,由數間商店並列形成的商店街更能提高營業額。

單獨使用的事物藉由和其他事物的組合並列,能得出1+1大於2的效果即是組合原理。

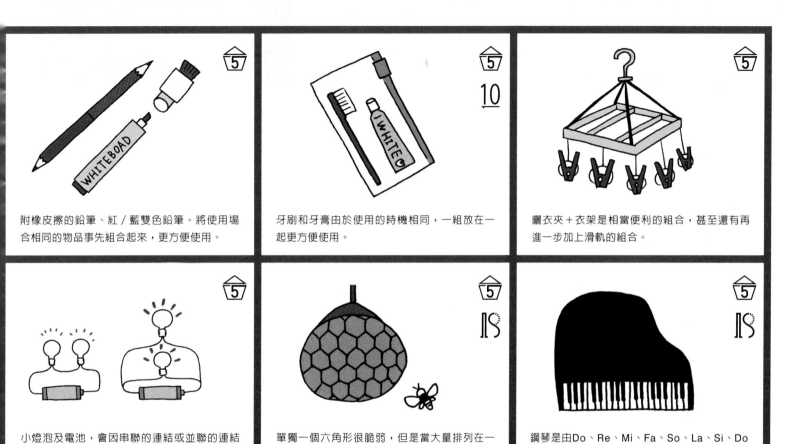

附橡皮擦的鉛筆、紅／藍雙色鉛筆。將使用場合相同的物品事先組合起來，更方便使用。

牙刷和牙膏由於使用的時機相同，一組放在一起更方便使用。

曬衣夾＋衣架是相當便利的組合，甚至還有再進一步加上滑軌的組合。

小燈泡及電池，會因串聯的連結或並聯的連結而改變其特性。

單獨一個六角形很脆弱，但是當大量排列在一起，便會成為堅固的蜂巢構造。

鋼琴是由Do、Re、Mi、Fa、So、La、Si、Do所組成的音階，以週期性的形式複數並排在一起組成的一種樂器。

除了把同一時間點所使用的不同事物先取出來作組合的〈#10〉外，還有把相同的事物以特定形式作週期性組合的〈#19〉。此外還有雖然是相同物質，但是由於不同的結晶構造而產生不同特性的〈#36〉。

關聯用語｜ 一體化、合併、結合、聯合、混合、新類型、鄰接、串聯、並列、

具體實例｜ 附橡皮擦的鉛筆、天婦羅蕎麥麵、外送披薩、動作角色扮演遊戲、蜂巢構造、結晶構造、

〈#6 多功能原理〉正如其名,「具有通用性、同一物品可以做多種用途」。7 段顯示器藉由構成數字 8 的 7 條燈管點亮或熄滅,能夠顯示出0～9所有數字,可以說是最貼近〈#6 多功能原理〉的實例。

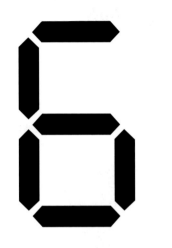

此標誌是由6個(6條)長六角形(線)寫成7段顯示器的6。

若是沒有發明出**7段顯示器**的話,要將電子計算機小型化恐怕將難度倍增。像這種**想要增加功能但又不想要增加零件或物體大小的情況下**,便是〈**#6 多功能原理**〉派上用場的時候。

例如像**瑞士刀**,重複利用「把手、握柄處」此一共用部位以化解「功能增加,體積也會隨之增加」的衝突。

其他的例子還有像是將十字頭螺絲十字部位的橫畫加長,讓其使用一字頭(Minus)的螺絲起子也能鎖緊,以及**晴雨兩用傘**等。**能應對不同的情況或對象、具有廣泛通用性**正是〈**#6 多功能原理**〉的特色。而企業為了節省成本,也推廣零件的共用化、通用化。

電腦過去曾被稱為**通用機**,也是能做**多功能使用**的代表例子。亞馬遜網路商店則是把專賣書的電子商務網站通用化,除了書本外也販賣其他商品,而獲得大幅度的營收成長。更甚者還有將電腦幕後的統整結構也**通用化**,藉由提供雲端服務等使**業務平台**獲得大幅的利益提升。這是由於重視和反覆鑽研**通用性**,不只能夠節省成本,甚至還創造出嶄新利益的良好範例。

〈**#6 多功能原理**〉是日本人相當擅長的技能,例如利用棉被使和室可以作為客廳和臥室**兩種用途**,將空間做有效的利用。另外**筷子**相較於刀子、叉子也更具有通用性。

7段顯示器是電子計算機利用7條線顯示不同數字的方法。

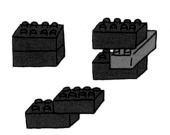

臨時要外出的時候，把能做通用用途的現金帶著較能安心。

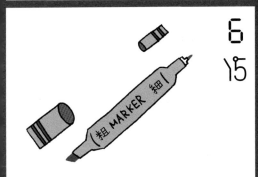

利用大小一致的積木，可以作出各式各樣的形狀。

墨水的部分共用，一枝筆就能有寫粗體字和細體字的兩種功能。未使用的一邊就以筆蓋保護。

收據
收據

利用複寫紙，在一張紙上寫字便能複寫到其他紙張上。

瑞士刀在通用性與攜帶性方面格外優秀。

將〈#6 多功能原理〉與〈#5 組合原理〉做比較，〈#6 多功能原理〉多是應用在「使用場合不同」的情況，並且像瑞士刀的例子，也通常會兼具有能將「未使用的功能」收起來的可動部位〈#15〉。

關聯用語| 一人分飾兩角、一石二鳥、在數種場合、兼用、共用零件、平台、通用貨幣、通用模組、通用設計、

具體實例| 數位數字、瑞士刀、筷子、菜刀、智慧手機、和室、十字一字共用螺絲、雲端服務、WebAPI、萬用電路板、

7 套疊原理

—— 套疊

Nested-doll

最能使人記起TRIZ是源自於俄羅斯的原理，便是此〈#7 套疊原理〉，英文是Nested-doll。和俄國的俄羅斯娃娃「Матрёшка」一樣，是「向內」以「套疊方式」收納的方法。

此標誌是將7以套疊的形式向內側收納而成。

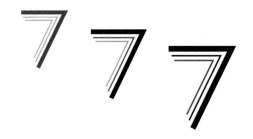

複數的物品要「結合」時，大多是依次以相鄰（＝外側）的方式向外排列出去，因此體積也會隨之漸漸增加。而在這樣的普遍作法中，〈#7 套疊原理〉提出了「如果向內排列的話會如何呢？」的不同觀點。

指示棒、三腳架、釣竿皆做成**伸縮**的方式。巧妙的運用內部空間，是在消除「**攜帶時要短，使用時要長**」此種牴觸時扮演關鍵角色的原理。

文章內容如果不是簡短的小散文，而是像書一樣的長篇幅時，也會以**第1篇－第2章－第3節**……這樣**套疊關係**的階層來整理。法律與憲法也是依○○**法第1條第2項**的形式階層化，以方便參照長條文中的重要之處。

不只是長型的事物，在數目或數量增多的時候也能應用**套疊構造**。企業在職員增加時會劃分成部門或組別，採用這種**階層化的組織構造**；時間是以小時－分鐘－秒的方式表示，也比只用秒來表示方便。此外，**十進位法**也可以說是階層化的一種。

而更講究套疊的例子還有在自然界中被稱為**碎行（具自相似性構造）**的一種形狀。碎行經由精準的計算，而能讓電腦繪圖逼真地呈現出樹或雲的樣子等。

像這樣，日常中理所當然接觸到的許多「便利」與「美」，在其背後都有**套疊原理**的應用，在煩惱有關「大」或「複雜」的問題時，把套疊關係也考量進去的話，應能開啟解決之道。

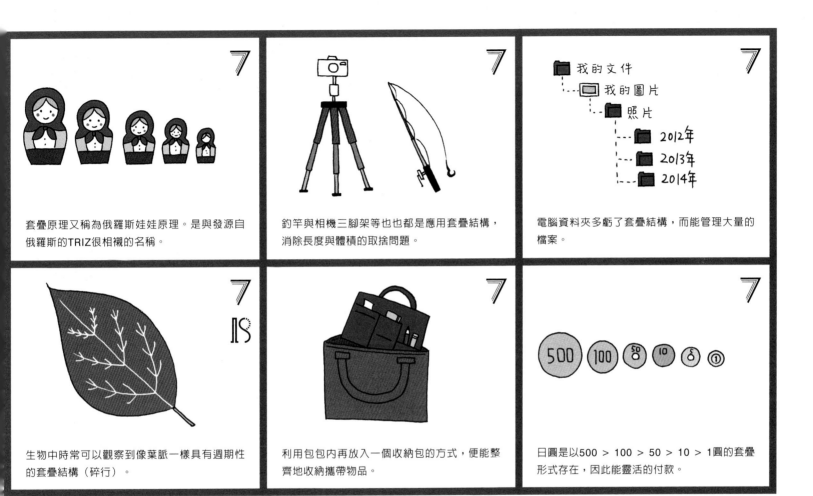

套疊原理又稱為俄羅斯娃娃原理。是與發源自俄羅斯的TRIZ很相襯的名稱。

釣竿與相機三腳架等也都是應用套疊結構，消除長度與體積的取捨問題。

電腦資料夾多虧了套疊結構，而能管理大量的檔案。

我的文件
　我的圖片
　　照片
　　　2012年
　　　2013年
　　　2014年

生物中時常可以觀察到像葉脈一樣具有週期性的套疊結構（碎行）。

利用包包內再放入一個收納包的方式，便能整齊地收納攜帶物品。

日圓是以500 > 100 > 50 > 10 > 1圓的套疊形式存在，因此能靈活的付款。

套疊構造的階層增加時，是以像呈10倍增加的週期性〈#19〉，或如年→月→日這類容易記憶的規則性所組合而成，因此我們能輕易地掌握整個階層。

關聯用語｜ 內側、階層化、目錄架構、資料結構、碎行、組織架構、套疊、

具體實例｜ 三腳架、釣竿、風箱、文章架構、條列項目、網域、 URL、HTML、樹木、錢、模具做成的飯糰、

平衡力原理

—— 平衡

不僅僅只是組合而已，還考量到平衡力，並藉由組合獲得新的效果。〈#8 平衡力原理〉正如其名，是「以能取得平衡的方式來組合」的一種原理。

該標誌是8與平衡玩具結合，而取得整體的平衡。

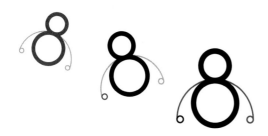

仔細觀察華麗的玻璃**電梯**，應該會看到當電梯上升時會下降、電梯下降時會上升的**對重**裝置。藉由對重裝置取得平衡，使電梯在上下時能節省能源。

如此這般，〈**#8 平衡力原理**〉是能幫助解決「功」和「重量」間取捨問題的原理。

前述的例子，是藉由在**相反端加裝平衡力**（Counter-weight）給予電梯浮力，但〈**#8 平衡力原理**〉是另外還包含了**浮力**與**升力**應用的原理。

船、浮標、救生圈和浮板等，在放入水或液體中時，因其與浮力取得平衡而能呈現平穩的狀態。

飛機之所以能在天上飛，是由於機翼產生的升力與飛機的重量取得平衡的緣故。

此外，雖然經濟學上有「**均衡價格**」這樣的用語，但實際上要如何對所提供的商品價值定出合理的價格卻是經商的秘訣。因此在做會計管理時不可或缺的是「**複式簿記**」。複式簿記是進出貨和收支款必須要確實平衡紀錄的一種記帳方法。事實上，複式簿記在中世紀時，可是被佛羅倫斯與威尼斯等地的義大利商人所獨占的一項「秘密發明」。

當有任何移動或變動上的問題時，運用**滑輪**、浮力或是金錢的**收受**等，巧妙地利用**相對現象**做出能夠取得平衡的組合，即能創造傑出的發明。

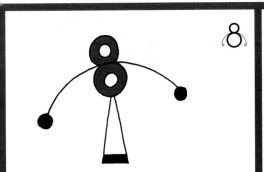

平衡玩具是利用重心在較低的位置來取得整體的平衡。

天秤是利用平衡力來量測重量。

雙肩帶書包是將重量均衡地分配在雙肩上,以便使用全身的力量來背負。

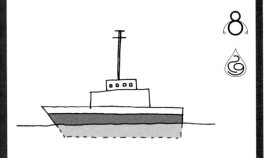

船與救生圈都是因為在水上獲得浮力,而能漂浮其上。利用船的吃水線還能測量船身的重量。

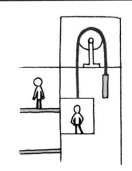

電梯設備是經由滑輪,利用與另一端對重裝置間的平衡力。想要升起任何物品時,滑輪都是值得考慮的方法。

借方	貸方	金額
現金	交易額	¥50.000
進貨	現金	¥30.000
⋮	⋮	⋮

複式簿記是將商品的進出貨與收支款平衡紀錄的方式,因此易於掌握營運狀況。

〈#8 平衡力原理〉大都應用「對稱的力」,與下一則〈#9 預先反作用原理〉屬性相似。另外,在有重力的地球上,船和飛機能作水平的移動,是因自流體〈#29〉所獲得的浮力與重力取得平衡,而能作有效率的移動。

關聯用語| 平衡、浮力、升力、滑輪、對價、代償、對抗、重力、重心、對手、

具體實例| 平衡玩具、電梯、天秤、救生圈、飛機、衣架、複式簿記、

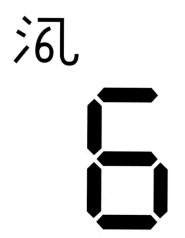

觀察發明原理「組合」4則原理

▶▶▶ 發明原理標誌

本書所介紹的發明原理標誌，也可以用來複習發明原理。在此介紹標誌有應用在「發明原理〈#5~#8〉」的部分。

首先是〈#5 組合原理〉。無論是哪一個標誌，都是為了讓發明原理的「編號」和「意義」能夠被配對記憶起來，而將兩者組合而成。

〈#5 組合原理〉的標誌是合，由5和△□組合成的五角形。〈#6 多功能原理〉是6，是由6與具有優秀通用特性的7段顯示器組合而成。至於〈#7 套疊原理〉則為7，是3個數字7的套疊。〈#8 平衡力原理〉的標誌為8，是8和應用平衡力的平衡玩具結合形成的。

再來是〈#6 多功能原理〉的應用。發明原理標誌是以通用設計為目標，雖然仍有部分是必須仰賴語言作成的標誌，但要想出無論是在哪一個國家都可以使用、避免依賴某種特定語言的標誌，是作者在設計時銘記在心的原則。

〈#6 多功能原理〉的標誌，最初是結合6與「通」這個字的圖形，但是由於這樣的設計只能適用在有漢字文化的地區，因此才改成現在的樣子。

五角形、7段顯示器、平衡玩偶等，這些標誌也都是採用在任何文化都能適用的設計。

沒有「組合」，就不知道發明原理的編號。

仰賴語言會降低廣泛應用的可能性。

不採用「套疊」，會佔據空間。

沒有取得平衡，會不美觀。

接著是〈#7 套疊原理〉的應用。不論是哪一個標誌都有將數字編號**嵌入在內**的設計。

為何要把編號數字作嵌入標誌的設計呢？這是為了要表示發明原理的順序，更重要的是為了要能有效地應用「**矛盾矩陣**」，在「**看到數字時，便能立刻浮現對應的發明原理**」。

最後是〈#8 平衡力原理〉。主要是考量整體的平衡。

發明原理標誌設計，是以取得數字與圖案大小的平衡、**涵義與書寫難易度**的平衡後所做出來的樣式。

舉例而言，大部分的標誌都跟日文平假名一樣，能在「**3畫以內**」書寫完成。這是由於必須要「**易於書寫**」，還要一併考量到「**書寫次數**」和「**記憶難易度**」的關係。

「組合」4則原理 ▶▶▶ 列車

ⓐ 日本臥鋪列車或座敷列車
➡〔發明原理　　　　　〕（提示：列車與床鋪／榻榻米坐席的結合）

ⓑ 臥鋪列車將座位放倒即能作臥鋪使用
➡〔發明原理　　　　　〕（提示：一個座位二種用法）

ⓒ 纜車是2台成對的交替運行
➡〔發明原理　　　　　〕（提示：一台在上山時、另一台在下山）

ⓓ 分級列車：普通車～快車～特快車
➡〔發明原理　　　　　〕（提示：普通車在快車不停靠的站也會停車）

ⓔ 車站內設置購物商場
➡〔發明原理　　　　　〕（提示：車站內併設商店街）

以鐵路相關的各種列車為例，觀察「組合」的4則原理。

ⓐ的臥鋪列車或座敷列車，雖然能夠視為「可以作為列車，也可以作為床鋪（和室座席）使用」，但是由於是「在乘坐列車移動的**同時**還可有床鋪（榻榻米坐席）」，因此比起〈**#6 多功能原理**〉，

〈**#5組合原理**〉更為合適。

相反的，ⓑ則是由於同一個座位「既可以作為坐椅，又可以作為床鋪使用」，因此是〈**#6 多功能原理**〉。

ⓒ的纜車則是有效利用登山纜車和下山纜車間相互的**重量**，因此可以說是〈**#8**

平衡力原理〉的運用。

ⓓ的分級列車，特別是在日本民營鐵路中很常見到。

日本民營鐵路的分級列車之所以分級眾多，9成9是因為這些民營鐵路公司不僅有經營鐵路運輸，還有兼營不動產事業的關係。從不動產事業的角度來看，在列車行經的路線途中建立新車站的話，該地區土地的吸引力（價值）會跟著水漲船高，但列車在該車站停車會使靠站的時間增加，對運輸事業來說反而是競爭力的下降。

這個「可以的話，想盡可能**縮短**土地和車站間的**距離**（＝車站數量增加）」與「車站數量增加，會花費更多**移動時間**」的**矛盾**，是利用導入前述的分級列車，以**套疊方式編列停靠的車站〈#7〉**來解決。

ⓔ在車站內開設各種商店，所謂的「站內商店街」也是，將等待列車的場所與作為「購物空間」的場所結合，是〈**#5 組合原理**〉的運用。不過若是著眼於車站的**內部**，而認為是〈**#7 套疊原理**〉也可以。

「組合」4則原理 ▶▶▶ 臥室

ⓐ 和室，可作為客廳也可以作為臥室
➡ 〔發明原理　　　　　　〕（提示：一室二用）

ⓑ 嚴寒時，把毛巾毯、羽絨被、毛毯疊蓋著睡覺
➡ 〔發明原理　　　　　　〕（提示：同種類的物品排列使用）

ⓒ 有些床鋪還可以收納衣物等物品
➡ 〔發明原理　　　　　　〕（提示：床鋪同時兼具收納功能）

ⓓ 枕頭是在睡眠時支撐頭部的物品
➡ 〔發明原理　　　　　　〕（提示：低反彈性的枕頭→若是反彈的話？）

接下來在臥室內尋找發明原理吧！
　　會浮現構想的場所，西方有所謂的 **3B（Bed、Bus、Bathroom）**，東方則有三上（馬背上、枕頭上、廁上），不約而同，東、西方都提到了臥室。
　　實際上因為在睡前常常會浮現想法，所以也有不少人會在臥室內預備便條紙與筆（我也是其中一人）。

臥室中，最別出心裁的應該就是日本的臥室（＝和室）吧。使用鋪被時就是臥室，一旦鋪上坐墊便是客廳，放上餐桌還可以是餐廳，一個房間在不同的情況可以有 **3種用途**，ⓐ無庸置疑是〈**#6 多功能原理**〉。

ⓑ天氣冷時，不只蓋一條棉被，而是會好幾條**重疊**蓋著，各種棉被一同發揮功效，所以〈**#5 組合原理**〉是最接近的答案。

ⓒ兼具收納功能的床，因為**同時**有收納和床的功能，因此是〈**#5 組合原理**〉，另外由於有**利用內部的空間**，因此也是〈**#7 套疊原理**〉。

最後ⓓ，在睡覺時，枕頭之所以能夠**支撐**頭部，是因為其扮演著一種像與**下沉力量**相抗衡般，類似**浮力**的角色，因此是〈**#8平衡力原理**〉。
　　附帶一提，**浮力**的應用，因為有預先設置反彈力的涵義存在，因此也屬於下一組中的〈**#9預先反作用原理**〉。

最後，在這4則「組合」原理之中，請選出1則你認為最實用的原理。
〈#　　　　原理〉

科學的事實
（Effects）

如前所述的，TRIZ的發明原理是在分析專利、取得能跨領域應用的「智慧」後所作成的。然而TRIZ對於和專利相關的發明點子，卻是未經分析、直接地**「連同其科學作用」**一併收錄，也就是說，TRIZ還提供了一個把具體案例作有系統蒐集整理的龐大清單。

此一清單被稱為**「科學的事實（Effects）」**，是TRIZ其中一個主要受到應用的工具。

想要能善用這個龐大的清單，除了必須使用專門的軟體外，也多少必須了解理論和配套的**具體案例**，發想的範圍才會更加寬廣。

此外，TRIZ的專門軟體雖然功能強大，但同時也價格高昂（數百萬到1千萬日圓以上！！）。

然而倘若是大企業，在數百萬件販賣的產品中，若是能省下數10日圓的零件或構造，便能達到節省數億日規模的效果，又若是能掌握極具創新的專利，甚至還能獲得巨額的利益。這麼想的話，便會覺得是物超所值了。

本書雖然並未論及專門軟體，但是介紹發明原理的右頁都是由具體實例構成。

因此，在瀏覽專利文件時（若是有機會的話）或是自生活周遭尋找巧思時，可以像前面實作練習的方式，一邊**標記對應的TRIZ發明原理**一邊做成自己**「發明的具體實例素材庫」**，在日後將能成為有力的輔助。

事實上我也是在寫這本書的時候，重新建構與整理了各發明原理的素材庫。

在像這樣，確實地先做足「準備」，事物便能很順利的進行。

而所謂的「準備」，便是從事後來看**「事前」**先進行的動作。

既然談論到了「事前」準備的重要性，那麼就讓我們開始進入下一組「事先」的4則原理吧！

所謂的構想，不過是將既有的要素重新做的組合罷了！

《生產意念的技巧》詹姆斯・韋伯・揚（James Webb Young）

構想類
第3組

預先

教導我TRIZ的老師們常說「**事前準備占8成**」，也就是說事物的成功與否，有百分之80取決於**行動前**的準備。

不論是在商場或是人生，常言道：「**事前做足充分準備的人才會獲得成果**」。

構想類的第3組正是著重於「事前準備占8成」的發明原理。

　以〈**#9 預先反作用原理**〉為首，發明原理〈**#9～#12**〉提示了4個關於「事前必做」的模式。

〈**#9 預先反作用原理**〉是「在事前便已釐清問題點的情況下，預先儲備好能在陷入問題時回復原狀的反作用力」。

〈**#10 預先作用原理**〉是「事前先做好準備」，〈**#11 事先保護原理**〉是「對危險的情況先做好保護」，〈**#12 等位性原理**〉則是「事先放在相同位置（高度）」。

除了〈**#11 事先保護原理**〉之外，其他3則原理都是比較少見的名稱，因此依「抽象性⇔具體性」及「異常體系⇔正常體系」為二軸整理成圖示，希望能有助於理解。

在將4則原理的概要在「**事前**」做了大略的介紹之後，下頁開始便會針對此4則原理做詳細的說明。

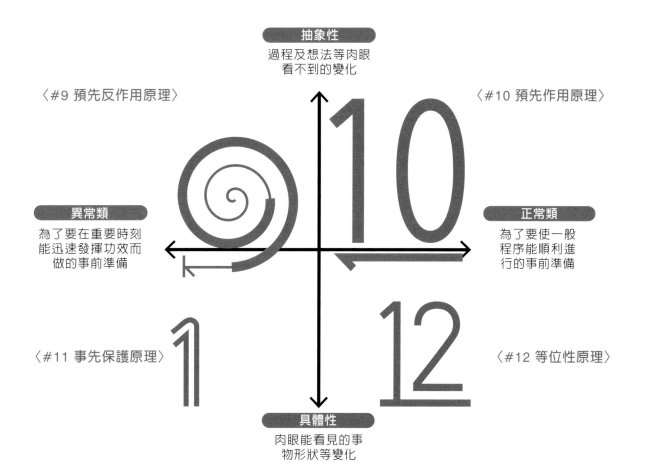

抽象性
過程及想法等肉眼
看不到的變化

〈#9 預先反作用原理〉

〈#10 預先作用原理〉

異常類
為了要在重要時刻
能迅速發揮功效而
做的事前準備

正常類
為了要使一般
程序能順利進
行的事前準備

〈#11 事先保護原理〉

〈#12 等位性原理〉

具體性
肉眼能看見的事
物形狀等變化

〈#9 預先反作用原理〉是預先將反作用力（與使其變化所產生的力做相抗衡的力）儲備起來的原理。並且，運用事先儲存起來的反作用力，在受到任何外力作用時，便能輕易地回復到原來的狀態。

發明標誌是9與捲尺的合成體。將數字9以平常的寫法再多捲幾圈之後停止。

預先儲備反作用力的具體實例就是構成其發明標誌的**捲尺**。為了測量長度會將捲收起來的尺帶拉出來使用，不過一旦放手尺帶便又會咻地收起來。

這是由於捲尺內部安裝的**渦形彈簧**在受到拉扯時，會將「**渦形彈簧的捲收**」這種**反作用力**（此處是指與拉扯方向相反，捲回的力）保存起來。

像這樣，在某種動作發生的同時，將相反的能量（**反作用力**）儲存起來，之後就能**快速地回復到動作發生前的狀態**。

按一下按鈕便會啪地打開的自動傘也是在「收傘」的時候，利用**彈簧**儲存了「開傘的能量」。

〈#9 預先反作用原理〉的「迅速、自動」等特徵，對於大型災害或二度災害的**防患未然最能發揮功效**。例如，**滅火器**及**滅火設備**是預先在內部施加壓力，發生火災時便可以快速地噴灑滅火劑與水。將**夜光漆**塗在「緊急出入口」的標誌上也是善加運用〈**#9 預先反作用原理**〉的成果。

在商業方面，為了要確保與客戶的信賴關係，設有保證退款與損害保險等措施，也是因為將**適時的補償**在事前就先談妥，較能令顧客安心的緣故。

如此這般，在設想系統中有希望能**瞬間回復原狀**的情況時，將反作用力預先考量進去將會有所幫助。

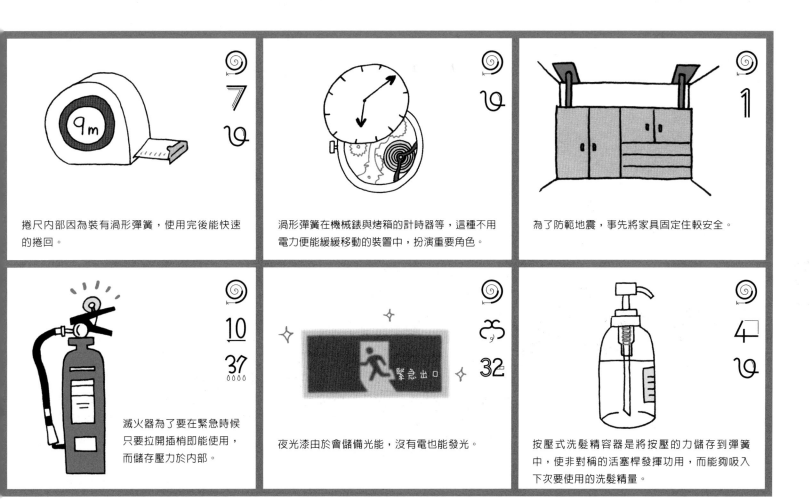

捲尺內部因為裝有渦形彈簧，使用完後能快速的捲回。

渦形彈簧在機械錶與烤箱的計時器等，這種不用電力便能緩緩移動的裝置中，扮演重要角色。

為了防範地震，事先將家具固定住較安全。

滅火器為了要在緊急時候只要拉開插梢即能使用，而儲存壓力於內部。

夜光漆由於會儲備光能，沒有電也能發光。

按壓式洗髮精容器是將按壓的力儲存到彈簧中，使非對稱的活塞桿發揮功用，而能夠吸入下次要使用的洗髮精量。

在〈#9 預先反作用原理〉，常會應用彈簧及渦形彈簧等呈現曲面的金屬〈#14〉。滅火器及安全氣囊是將產生熱膨脹〈#37〉的結構預先架設好。

關聯用語| 彈簧、渦形彈簧裝置、應力、捲回、蓄積、急速膨脹、快速啟動、急難應變、保險、保障、補償、

具體實例| 捲尺、識別證帶、門、自動傘、夜光漆、安全氣囊、圈套、損害保險、滅火器、按壓式洗髮精容器、

預先作用原理

—— 預先

我們在出門前會觀看天氣預報,「預先」取得待會天氣的狀況,這是為了讓自己「之後預定的計畫能夠順利進行」。為了之後要進行的事「預先作準備」即是〈#10預先作用原理〉

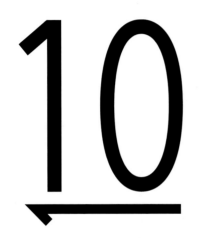

此發明標誌是想象 1 搶先到 0 之前的樣子（第2畫是由右至左地畫過去）。

平時只要多留心很容易就能觀察到許多應用了「**預先準備**」的情況。

例如事先**預訂**房間、車票,讓旅行儘可能地順暢。**申請表格**預先設計好需填寫的欄位與填寫範例,也是為了方便申請人順利填寫。

料理的**備料**也是。炒菜前先把蔬菜切成小塊再炒,讓食材能在短時間內均勻炒熟,是為了最後「炒菜」的過程所做的「預先準備」。

〈**#10 預先作用原理**〉不僅常見於日常生活中,在產業界的生產過程中也是相當頻繁地受到應用。

例如「**細磨納豆**」。

一粒粒的大豆若是直接做成納豆,

發酵後再搗碎便會因為粘稠稠的而很難處理。因此,在發酵前便先將大豆作搗碎的處理。

而納豆包裝的加工過程也有〈**#10 預先作用原理**〉的應用。一般商品的包裝通常是在商品製造完成後進行,但若商品為粘稠的納豆時,會將蒸熟的大豆與納豆菌混合便直接「事先」進行盒裝,之後再使其發酵。

其他還有像是「**工作環境的整理、整頓**」、「**依遞增或五十音順序**排列（**排序**）」、「**奠定根基**」、「**事前溝通**」、「**事先準備**」、「**事前釐清問題點**」等,多留意發明原理的話,就會發現**預先作用**無所不在。

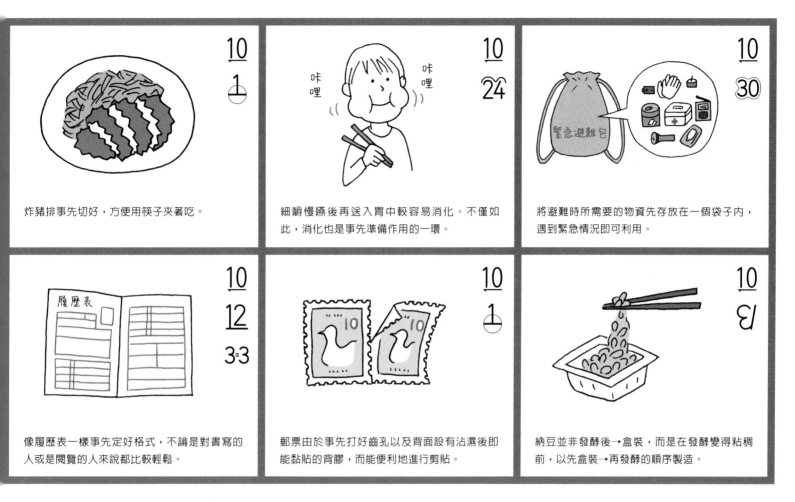

炸豬排事先切好，方便用筷子夾著吃。

細嚼慢嚥後再送入胃中較容易消化。不僅如此，消化也是事先準備作用的一環。

將避難時所需要的物資先存放在一個袋子內，遇到緊急情況即可利用。

像履歷表一樣事先定好格式，不論是對書寫的人或是閱覽的人來說都比較輕鬆。

郵票由於事先打好齒孔以及背面設有沾濕後即能黏貼的背膠，而能便利地進行剪貼。

納豆並非發酵後→盒裝，而是在發酵變得粘稠前，以先盒裝→再發酵的順序製造。

〈#10 預先作用原理〉在日常生活中隨處可見。並且在許多情況下〈#10 預先作用原理〉，也常與其他的發明原理做結合。在使用其他發明原理時，想想看是否能夠加入事前的準備，也將會有所幫助。

關聯用語| 事前準備、預備、準備、預測、部署、事先溝通、奠定基根、排序（排列）、整地、基礎、先憂後樂、格式化、（相反詞）臨陣磨槍、

具體實例| 料理的備料、細磨納豆、五十音順序排列、遞增順序排列、條碼機、分藥服務、履歷表、郵票、

就如同字面上的意思，對易損壞的事物，或是壞了會很困擾的事物，做「事先的預防」便是〈#11 事先保護原理〉。日本也有像「未雨綢繆」這樣的俗語。此原理也是「事先」組中最容易記住的發明原理。

此標誌是將數字1尖銳的頂端，用一個有圓弧的1來蓋住保護的樣子。

危險　　蓋住

想像一下「（預防跌倒）拐杖」、「安全帽」、「欄杆」等物品便能掌握〈#11 事先保護原理〉的精髓。

常見的例子像是書的書衣，或是智慧型手機的保護殼等，甚至可以大膽地說任何叫「○○殼／套」的物品，都有〈#11 事先保護原理〉的應用也不算誇張。

另外，衣服和手套等爲了禦寒或避免尖銳物品割傷也是事先保護的一種。

依循這個思考模式，則不僅是欄杆、**保險桿**、**安全氣囊**甚至是「停車再開」、「禁止進入」等**標識**也都可以視爲是此原理的實例。

不只是物理性的保護，在病毒感染「前」先安裝**防毒軟體**、安裝時利用軟體授權契約取得對**免責事項**的同意、網站在處理輸入資訊時利用**選單**的方式防止惡意字串的輸入等，也都能作爲事先保護的實際例子。

萬一發生故障時，迅速啓用**備份系統**（**數據的多餘儲存**）也是屬於事先保護一環。

事先保護的效果對於「在發生致命性災害後才行動，將會無法挽回的事物」特別明顯。對於那些將身體危害降至最小的方法，注意去觀察〈#11 事先保護原理〉的話，將能得到許多有關事先排除風險的啓發。

用安全帽或防災頭巾事先保護重要的頭部。

「預防跌倒的枴杖」是事先保護一個很好的例子。

事先保護原理標誌右邊的1可代表護欄或拐杖。

書本所附的書衣是為了防止書被弄髒或弄濕的事前保護。

傘、雨鞋、雨衣等對於要避免淋溼的事先準備非常重要。若是自動傘，還能利用彈簧的力立即打開。

平交道由於事先發出警告「利用時間的分離」，而能達到保護的效果。

要達到事先保護，可以藉由薄膜〈#30〉、反作用力〈#9〉等各種發明原理來加以應用。此外，在危險區域的周遭，改用像紅色或黃色這種醒目的顏色〈#32〉來警示也是事先保護的一種。

關聯用語| 護套、限制器、事前檢查、隔離、預防跌倒的拐杖、警告、回避緊急狀況的方法、數據多餘、護具、預防、排除風險、標識、

具體實例| 安全帽、護欄、智慧手機殼、安全氣囊、保險桿、平交道、體毛、提供選項、

等位性原理

—— 等位

〈#12 等位性原理〉是利用「相同位置關係」、「同等高度」使事物能夠順利進行，是為了要解決已存在問題的原理。也稱為等勢原理，包含在物理方面電勢差的均衡。

12

本標誌是將1的橫畫延伸，讓較矮的2乘坐其上形成「等高」以表示「等位性」。

在「事前」組中，相對於〈**#9 預先反作用原理**〉及〈**#11 事先保護原理**〉是恢復到原本狀態，較偏向「防守」的姿態；〈**#10 預先作用原理**〉與現在的〈**#12 等位性原理**〉，則是為了不斷前進所作的事前準備，「攻擊」的姿態較為強烈。

最容易理解的例子是「**無障礙**道路」，藉由道路的**等高**而能順暢移動。輸送帶「使生產過程的高度一致」也是〈**#12 等位性原理**〉的應用。

更大規模的實例則如「**巴拿馬運河**」。將船隻無法通過的巴拿馬地峽，分成各個可讓「**水位相同**」的區段，太平洋與大西洋因此得以連接起來。

正如本原理又可稱為**等勢原理**，能藉由使

「電場」或「磁場」等「場所」的電勢等高以解決問題。

例如在多天觸碰門把時會有觸電的感覺，是因為衣服中積存的靜電電位比門把的**電位高**所導致。

因此，利用**防靜電手環**事先放掉靜電，讓自己與門把的**電位相等**便能安心無痛地開門。

另外，觀察無形的事物，「**免入會費**」或是「**利用既有ID即能登入會員**」，將加入會員前後的（心理性）障礙去除（無障礙化），讓加入會員的過程能夠順利進行，也是其中一個例子。

降低高低差使乘車更便利。

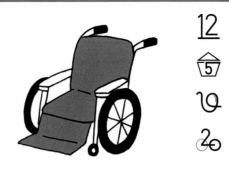

輪椅要能自由地移動，必須仰賴無障礙道路。

麻將由於先將牌堆成等高，牌局因此更容易進行。

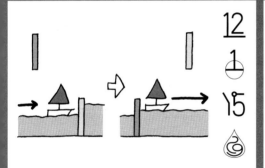

巴拿馬運河的閘門，使分段水道的水位與下個區段的水位等高跨越高低差的難題。

KOKUYO
「釐米橡皮擦」

以筆記本上若有橫格線較能整齊地書寫這個想法，創造出能分別擦去3、4、5、6釐米範圍的橡皮擦。

形狀和價值都不相同的內容物，裝入形狀相同、可以打開取出的圓形扭蛋中，便能以一台扭蛋機同時處理不同的物品。

藉由使高度一致、無障礙化，進而能朝「下一個地點」、「下一個階段」順利前進。此時，化作無凸起的平面或膠囊化（如扭蛋）〈#30〉更能事半功倍。此外，運用流體〈#29〉也能使其自然地達到高度一致。

關聯用語│ 無障礙、等高、一致、電勢相同、水位、直線化、直線、規格化、平面、球面、等滲（等張、等滲透壓）、

具體實例│ 低底盤公車、輪椅、麻將的堆疊、巴拿馬運河、電扶梯、扭蛋機的扭蛋、車輪、

觀察發明原理
「事先」
4則原理

▸▸▸ 便利商店

為日常生活帶來許多方便的便利商店，正如其名，到處都充滿著為了提供便利的巧思。自那些巧思中一同來尋找「事先」的發明原理吧！

首先是飯糰，在食用之前海苔都能維持酥脆的飯糰，可以說是便利商店能快速發展的一大功臣。

保護御飯糰的塑膠包裝雖然是「越耐用越好」，但如果太耐用的話反而會「很難打開」，因此有必須做取捨的衝突存在。而正如大家所知道的，利用御飯糰的**開封線**就能**輕鬆的打開飯糰**。這是〈**#10 預先作用原理**〉的應用。

還有飯與海苔也會以塑膠膜隔開〈**#2**〉，以防止海苔碰到濕氣。而**分隔用的塑膠膜**事前將飯與海苔分為兩個部分，也是〈**#10 預先作用原理**〉。

其次是作為便利商店的招牌商品，不光是內容物，連外觀也會影響銷量的**便當**。

為了防止醬汁流出來**事先用塑膠膜**包住，以及為了加強其堅固耐用程度，便當盒的邊緣部分會做反折處理，這些都是〈**#11 事先保護原理**〉的應用。在碰到堅固耐用度不足的問題時，代入上述的方法或許就能解決問題。

接著讓我們移動腳步來到**放飲料的架子**上。相同高度的飲料排成一列是〈**#12 等位性原理**〉。不論是哪一種飲料都是放在**最前排**的最方便拿取，當飲料賣掉時最前方的位置便會空出來，下一罐飲料雖然是在稍微裡面一點的位置，但也是自動地成為最前排的商品。

同時，飲料架稍微向下傾斜的設計也很重要。此處飲料架的高度不僅掌握了〈**#4 非對稱性原理**〉，還利用飲料罐由於是物體會有「因重力向下移動」的性質，**在先前便將飲料罐在較高處做堆放**，因此也有〈**#9 預先反作用原理**〉的應用。

最後，在結帳時只要利用條碼機掃過便能確認商品的名稱與價格。

這是因為「事前」便將商品名稱以及價格與條碼做了連結的緣故。無論是**先將資料準備好輸入資料庫中**，或者是**先將商品附上條碼**，這兩種都可以說是〈**#10 預先作用原理**〉。

便利商店「事先」便凝聚了各式各樣的巧思以實現提供便利的目的。當為了解決問題而苦惱時，在稍作休息時不如逛逛便利商店，觀察看看其中的發明原理吧！或許能從中獲得解決問題的提示也說不定呢！

觀察發明原理「事先」4則原理

▸▸▸ 人體

受進化所賜，我們的身體也蘊藏著許多發明原理。留意發明原理並仔細觀察的話，便能輕鬆地整理出一本最貼近我們自身的「問題解決啟發集」。

從**肌肉的活動**中就能觀察到〈**#9 預先反作用原理**〉。例如當想要跳的比平常更高時，會稍微蹲下儲備**反作用力**後再跳。

還有當想要把球投到遠處時，會將球大幅地向後**高舉**，在肌肉由於反作用而有想要向前活動的感受時再順勢把球投出，這也是**預先反作用**〈**#9**〉。

接著來觀察吃下食物後的**消化**系統看看吧！

為了要使小腸能有效率地吸收人體所需的糖與氨基酸，會先在胃及十二指腸將**蛋白質分解成氨基酸**。在那之前，為了讓胃能更容易地進行消化，在口中便會先用牙齒將食物嚼碎，以及用**唾液將澱粉分解為糖**。這些全都是〈**#10 預先作用原理**〉的應用。

對除非是特別用心觀察，不然不太會注意到其功能的「毛髮」，也抱著要發現〈**#11 事先保護原理**〉的念頭來觀察看看吧！

柔軟的頭髮能緩和外力對頭蓋骨和大腦的**衝擊**，眉毛能防止從額頭滴落的汗水，**睫毛**能避免髒東西進入眼睛，還有**鼻毛、耳毛**……。任何一種毛髮都是在「事前」保護身體的重要部位，因此也都是〈**#11 事先保護原理**〉的實際應用案例。

另外還有像是保護大腦的**頭蓋骨**、保護心肺的**肋骨**與保護脊髓的**脊椎**。若是在身體出現問題後才進行治療難度會相當高，因此身體隨處都可以發現〈**#11 事先保護原理**〉的存在。

最能切實感受到〈**#12 等位性原理**〉的是「**並排的牙齒**」，牙齒因為**高度一致**才能輕易地嚼碎各種大小不同的食物。而舌頭可將食物送到與牙齒等高的位置，也是一種等位性。

此外表現的方式雖然有所不同，但各家飲料廠商將〈**#12 等位性原理**〉作為賣點推出的運動飲料也是一例。

就算是要補充水分，單純的水也會因為與人體的組成不同，而有不易吸收的問題，但運動飲料會藉由**與人體內所含的水分及陰陽離子盡可能的相等**來幫助吸收。

有一些運動飲料會被取名為「滲透壓飲料」，滲透壓（Isotonic）就是「**等張、等滲透壓**」的意思，因此顯而易見地它是〈**#12 等位性原理**〉的應用實例。

「事先」4則原理 ▶▶▶ 馬桶

(a) 靠近馬桶,馬桶蓋即會打開

➡〔發明原理　　　　　〕（提示:打開馬桶蓋,是為了完成之後的動作)

(b) 坐上馬桶即會流出少量的水防止污穢物的附著

➡〔發明原理　　　　　〕（提示:預防)

(c) 在與手相同高度的位置放有衛生紙

➡〔發明原理　　　　　〕（提示:提到相同高度則……)

(d) 沖水把手按下之後水位會自動恢復

➡〔發明原理　　　　　〕（提示:在按下的同時,儲存了要恢復到原位所需的力)

在日本普遍受到使用的溫水免治馬桶＋暖氣馬桶座,實際上可是比起好萊塢名流豪宅內的馬桶,都還要豪華許多的偉大發明呢!日本的馬桶採用了各種巧妙的設計。

最新型的西式馬桶ⓐ具有在人靠近時,馬桶蓋便會自動向上打開的功能,是相當了不起的〈#10 預先作用原理〉。

ⓑ在馬桶蓋打開之後,馬桶內即會流出少量的水。這是藉由**在馬桶的表面事先形成一層薄的水膜**,避免穢物附著的**事先保護**〈#11〉

另外這也能解讀成是為了幫助「之後清除髒污」所先進行的**預先作用**〈#10〉,以及利用水膜對穢物的附著力給予反作用力的**預先反作用**〈#9〉。

只要能幫助產生新的發想,不論作何種解讀都是「正解」。

而在上完廁所後必須用到的衛生紙ⓒ會設置於和手同高的位置,這是〈#12 等位性原理〉。又因為在之前便先將衛生紙放在容易取得的位置,因此也可以是**預先作用**〈#10〉。

最後,ⓓ要沖水時會按下沖水把水。一般的水龍頭是在使用完畢後必須向反方向轉動來關閉,馬桶的沖水把手則是在按下的同時儲存了反作用力。因此,手放開時沖水閥便會自動關閉,是**預先反作用原理**〈#9〉。

馬桶是發想三上中的其中一個(廁上),運用發明原理,想法便會源源不絕地湧出(也有人主張西方3B中的Bathroom是同時包含了馬桶)。

WORK 「事先」4則原理 ▶▶▶ 服務

ⓐ 提供手機版的申請格式
➡ 〔發明原理　　　　　〕 （提示：讓申請能順利進行的預先準備）

ⓑ 服務費用可以和手機費用一同扣繳
➡ 〔發明原理　　　　　〕 （提示：誘導客戶使用付費服務）

ⓒ 提供服務的同時取得客戶對免責事項的同意
➡ 〔發明原理　　　　　〕 （提示：發生意外前的防範）

ⓓ 為了在發生意外時能夠迅速獲得損失補償而加入保險
➡ 〔發明原理　　　　　〕 （提示：為獲得理賠事先繳納保費）

從向客戶提供服務、利用智慧型手機註冊會員的情形來探討發明原理的應用吧！

ⓐ提供手機版申請會員方式跟郵寄會員申請書相比，由於公司內可以省下把資料輸入電腦的時間和人力，加入會員的申請更能順暢的進行，是〈**#10 預先作用原理**〉。對客戶而言也因為可以省下前去領收和寄出申請書的時間與精力而更加便利。

向手機提供的服務大多是需付費服務，而像ⓑ這樣，藉由服務費與手機的使用費能一併扣繳讓消費者卸下防備心理，從免費服務無接縫地轉為使用付費服務，〈**#12 等位性原理**〉扮演了重要角色。

接著，在ⓒ提供服務的同時，為了避免有客戶提出無理的要求等意外情況出現，藉由免責事項來做**事先的保護**〈**#11**〉相當地重要。

話雖如此，也有可能會發生歸責於服務提供者的意外。此時，為了能迅速獲得損害賠償，事先支付保險費的行為稱作〈**#9 預先反作用原理**〉。

如此這般，發明原理中最抽象的構想類，從服務的提供來推敲，便能察覺各企業長久以來累積的無形手法。

那麼再次，請讀者們從此4則「事先」原理中，選出1則覺得最實用的原理。
〈**#　　　　　原理**〉

◎ 10 11 12

雖然介紹了「**事前**」這一組，但在事前做各種準備以早點達到成果，像這樣的發明原理應該不用學習也能常在日常生活中感受到。

同樣地，「使用完畢後馬上收拾」，對下一次的使用會輕鬆許多，這種道理應該也是生活中就常有的體會。

而像這樣把「**某件事發生後（＝事後）**」的事，在事前先做考慮，就是被稱作「**事前、事中、事後**」或「**T1、T2、T3**」的一種TRIZ工具。

以撰寫本書時所花的心血為例，來介紹這個工具的使用方法。

當我跟別人提到我要寫一本書時，許多人都會建議說「書名很重要」。這是因為讀者在做「購買」的動作前，都會**先**進行

「**瀏覽書名**」的動作，所以的確是相當重要的項目。

另一方面，希望讀過本書的讀者能實際應用TRIZ的思考方法是我著作本書最大的用意，因此**事後**非常的重要。於是，比起一開始的構想，我還另外加了插圖與事例，使本書在被**閱讀完畢後（事後）**，還能作為「**發想的構想集**」供讀者重複利用。

雖然定價稍微高了一點，但由於本書並不是讀完一遍就結束，而是可以2次、3次

重覆的使用，因此對讀者而言非常划算，對作者而言也很高興，是考慮到讀者與作者都能成為雙贏關係的結果。

誠如上述，我所顧慮的事項並不只有「**事前**」，而是連與其相反的「**事後**」也一併先考慮到，因此才能對本書做更深入完善的安排。

而像這種「**逆向的思考**」同樣也是創造中的最基本，下一組的「變形」便是以〈**#13 反向思考原理**〉為首的4則原理。

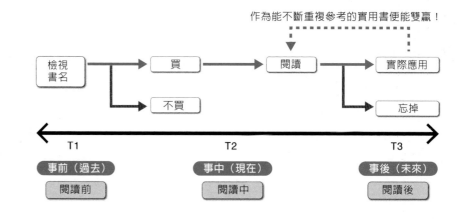

作為能不斷重複參考的實用書便能雙贏！

檢視書名 → 買 → 閱讀 → 實際應用
　　　　→ 不買　　　　　　　　→ 忘掉

T1　　　　　　T2　　　　　　T3
事前（過去）　事中（現在）　事後（未來）
閱讀前　　　　閱讀中　　　　閱讀後

技巧類
～能普遍適用於系統內的發明原理～

技巧類

繼構想類3組共12則的原理之後，現在要介紹技巧類的4個組別：「變形」、「效率化」、「無害化」與「省力化」。

〈#13～#28〉是屬於「技巧類」的發明原理，與之前的「構想類」相比，是與「有形的物體」更具關聯性的方法。

技巧類的4組是對應設計系統時實際操作的步驟。

此處的系統是指：「為了某個目的，由要素或輔助系統所組成之物」。

建構系統的第一個步驟，首先要做出能確保實踐「系統主要目的」的設計。也就是說，系統的輸出要依據成果或產出的物質做調整。

此時「變形」的4則原理（〈#13 反向思考原理〉、〈#14 曲面原理〉、〈#15 可變性原理〉、〈#16 大約原理〉），對於在「形狀」上施加的技巧將能有所幫助。

而「效率化」的4則原理（〈#17 移至新次元原理〉、〈#18 機械振動原理〉、〈#19 週期性動作原理〉、〈#20 連續性原理〉），對「系統的動作與效率」會有所改善。

但能產出目標物並不代表系統就建構完整了，還需要對目標物以外的輸出（副產物）系統進行抑制。

副產物往往是有害或者是無益的東西，像殘渣、噪音、排熱、廢棄物等。

像那樣的副產物若在同一時間大量地被產出，就不能認為這是一個正常運作的系統。

而將這些有害作用轉為無害的機能，便是「無害化」的4則原理（〈#21 快速作用原理〉、〈#22 轉禍為福原理〉、〈#23 回饋原理〉、〈#24 仲介原理〉）。

系統的副產物在充分地無害化後，系統即能順利地開始運作。而系統在運作時會產生材料與能源等運作成本，並且也會發生零件的耗損。

因此，系統必須受到適當的維護，而在此範圍內能產生幫助的即是「省力化」的4則原理（〈#25 自助原理〉、〈#26 代替原理〉、〈#27 拋棄式原理〉、〈#28 機械系統替代原理〉）。

那麼，現在就從「變形」組的4則原理依序開始吧！

技巧類
第4組

變形

技巧類中第一組的發明原理分別是〈**#13 反向思考原理**〉、〈**#14 曲面原理**〉、〈**#15 可變性原理**〉與〈**#16 大約原理**〉。

這4則原理簡單口語化來說，便是「顛倒過來」、「形成彎曲狀」、「設置可移動的部位」以及「擴大範圍」。

上述無論是哪一則原理都與「變形」相關，因此發明原理標誌也是將原本的原理編號依上述的說法設計出「變形數字」。

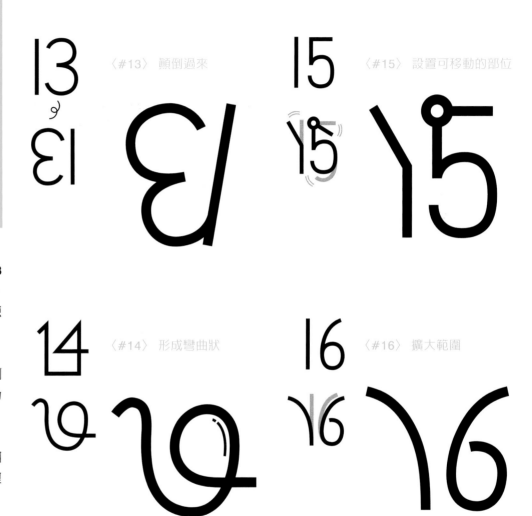

〈#13〉 顛倒過來

〈#15〉 設置可移動的部位

〈#14〉 形成彎曲狀

〈#16〉 擴大範圍

反向思考原理

—— 反向

在解決問題時,「以反向思考來獲得解答」這樣的句子常常會浮現在你我的眼前。事實上,將各式各樣的要素「顛倒過來」的確與創造息息相關。〈#13 反向思考原理〉就是嘗試逆向思考的原理。

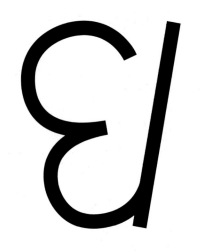

這個標誌是將13倒轉過來,1跟3緊密相連的形狀。就從翻轉後1的右上開始,一股作氣地描寫下去吧!

大的東西變小、長的東西變短、寬廣的東西變窄,這類的變形是〈**#13 反向思考原理**〉的代表案例。將上下左右反轉、內外相反、入口與出口顛倒也是〈**#13 反向思考原理**〉。

再稍微擴大理解的範圍:在同時經營數家商店時,必須要對應各家商店的不同布局來制訂營運方針,但如果試著用「為了要統一營運方針而**將店舖的大小一致化**」這種**逆向的發想**也能拓展商店的經營模式。

另外也有與一般拍賣相反,從最高價開始慢慢往下降價的**逆向拍賣**存在。

解決問題的構想,從結果來觀之也全都可以說是「**反向思考**」。例如用**分割**〈**#1**〉解決問題的話,其前後也會產生

「沒有分割⇔有分割」的相反組合;若用**分離**〈**#2**〉解決問題的話,前後也會產生「沒有分離⇔有分離」的相反組合。

對於應用的發明原理也可以應用「反向的」操作。例如像〈**#1 分割原理**〉→不要分割,〈**#4 非對稱性原理**〉→使不對稱的事物對稱。

「是好還是壞」往往都是依情況而定,因此將**發明原理做相反的應用**,有時反而能解決問題。

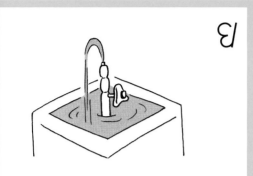

當出水的方向相反時，就能利用重力讓飲用者不需杯子也能喝水。

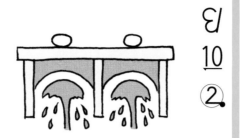

在咖啡廳等地方會看到有凹洞的冰塊，那是由於將水逆向噴射後冷凍，可使不純的物質被去除，製作出高純度冰塊。

平安時代的貴族，因為風俗不常沐浴，為了要消除身體的異味而燒香。

製作陶器時不用手轉動，而是利用拉坯機來轉動，反而能做出美麗的形狀。

金繼是日本特有的一種修復方法，將有缺口的器具用混了金粉的天然漆修補，使接縫有獨特的韻味。

多數的雜草都是禾本科，先人能想到將繁殖力強的禾本科種子作為食用用途，這份智慧也是了不起的反向思考。

如果更極端的說，其實所有的發明原理都可以說是〈#13 反向思考原理〉的具體化。因為和至今有所不同「產生了某些改變」的部分，大多都是「下→上」、「直線→曲線〈#14〉」、「靜態→動態〈#15〉」、「精密→大略〈#16〉」這種「顛倒」的變化。

關聯用語 （使）顛倒、相反、翻轉、內外、反向的思考、反義詞、相反詞、相對的關係、

具體實例 反向計算、推不行就試著拉看看、便條紙、拉坯機、車床、用做為目標物的一方來作移動、逆向拍賣、

能夠用以解決與長度、面積、體積等「尺寸」相關的各種矛盾，並給予啟發的發明原理即是〈#14 曲面原理〉。「球面」、「弓形」、「圓周運動」、「離心力的應用」等，用心觀察的話便能發現隨處都存在著本原理的具體實例。

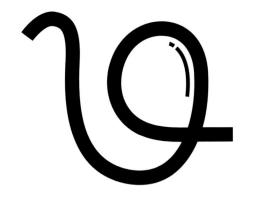

此標誌是將數字14想像成雲霄飛車的路線般寫成彎曲的形狀。

切身的例子是在〈#9 預先反作用原理〉也有舉出的「**捲尺**」。9公尺長的直尺要帶著走會很不方便，但如果是9公尺長的捲尺則能輕易的隨身攜帶。這是應用〈**#14 曲面原理**〉將尺規捲成曲面才得以實現。用矛盾定義來說明的話，是將「體積」和「長度」的矛盾（牴觸），利用〈**#14 曲面原理**〉來解決。

並且，〈**#14 曲面原理**〉是和〈**#20 連續性原理**〉相當速配的原理，因為利用曲面畫成的圓環能作出「無止盡的（≒無限）構造」。**山手線（環狀線）**、程式設計中的環形緩衝區以及**迴轉壽司**等都是實際的例子。

和迴轉壽司的輸送帶在轉角處能順利轉彎一樣，在集會活動等能夠預期會吸引大量人潮的場合，將**電線設置為彎曲狀**是能提高安全性的作法。

此外，做成圓形也能增加強度。原子和地球之所以是球形，也是因為這是最具安定性的形狀，建築物成**弓形**或**半圓形**也是利用〈**#14 曲面原理**〉以解決重量和強度的矛盾。

再者，圓周運動能產生新的力稱作「**離心力**」，脫水機是其中一個應用例，而將前述的「彎曲狀的電線」、「弓形構造」、「離心力」全部加起來做應用的則是**雲霄飛車**。

只要留心觀察曲面原理，日常生活中隨處都可以發現它的存在。

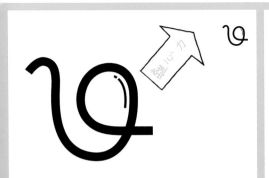

此發明原理標誌的曲線，在暗喻離心力的同時，也藏有球面與透鏡的涵義。

剪刀的刀刃因為做成弓狀，所以在一般較難施力的刀尖，也只要施以輕微的力氣便能做剪裁。

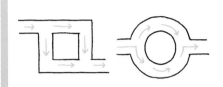

像水流分流般行進的電線，做成曲線的樣子較能減少能量的損失。

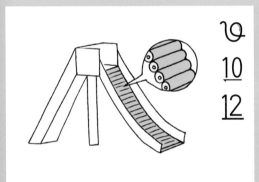

附有滾輪的滑梯，就算是長距離也能流暢地滑下來。

畢業證書或月曆等過大的紙張，在運輸時捲成圓狀就不會過於笨重。

如口紅般，在內部放入螺旋刻紋的構造，便能輕鬆地做垂直方向的調整

想要連續地〈#20〉進行某件事時，常會運用到「繞圓圈」的設計。此外，和多角型不同，圓由於不論切割成幾份都仍能保有對稱性，因此在設計方面相當有用。而離心力在〈#34 排除再生原理〉也會再次活躍的出現。

關聯用語｜曲面、球面、彎曲、弓形、半圓形、環狀、圓形化、圓周運動、迴轉、圓、圓筒、圓錐、可微分、螺旋、滾輪、離心力、

具體實例｜捲尺、車輪、軸承、雲霄飛車、透鏡、管子、圓鋸、螺旋狀階梯、轉出式口紅、

15 可變性原理

—— 可變

〈#15 可變性原理〉即是變形。除了增加可移動的部位、附加調節機能以外，靜態的機能則是依場合來做選擇，以作出最適當、靈活的對應為目標。也被稱作動態原理。

此標誌是把1畫成「像折彎了的吸管」並把5畫成「有調節、關節部位的樣子」。

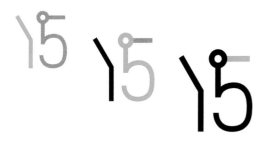

由〈**#15 可變性原理**〉觀察自行車。

首先是車燈，爲了要能在需要的時候才亮燈，而將車燈與輪胎**接觸的部分**作成**可動式**。

踩動腳踏板時的力矩，在槓桿原理上會有移動距離與力的取捨關係，利用**變速器**的可變性消除「在平坦的道路上想要騎快一點」，與「上坡時想要能更容易施力」間的矛盾。

將自踏板上獲得的力傳送到齒輪上的**自行車鏈**也是，由數個富含可動性的鐵零件所串起，「堅固度」與「靈活度」間的取捨因此得以消解。**鞦韆的鐵鍊**也是同樣的道理。

電風扇與爐火的強度可以分成「**強、中、弱**」來調整**輸出功率**也是〈**#15 可變性原理**〉的一個例子。

說到火的強度，在餐廳點用牛排時，能夠作「**三分熟、五分熟、全熟**」這種**階段性的熟度調整**也是可變性〈**#15**〉的一種。如此這般，對應追求的結果做**適當的改變處理**以解決問題。

在商業方面，會配合到來的顧客做**靈活的應對**，如準備**客製化**的菜單等，對此多加研究必能發現可用的解決方案。

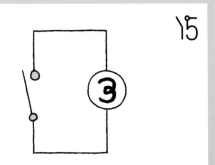

安裝開關以對應需要開啓或關閉電源的時機。在半導體積體電路中也應用了無數個開關。

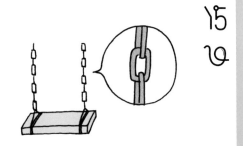

鞦韆手握的地方作成鍊狀或關節狀而能兼顧堅固與靈活度。此外連結的部分通常是採用曲面。

利用由非對稱齒輪組合而成的變速器能調整力的傳遞。

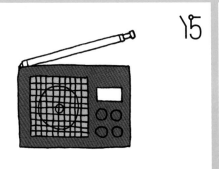

收音機調整天線、轉動選台用的旋鈕，即能選擇收聽自己想聽的節目。

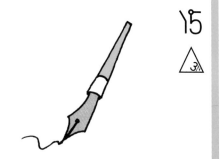

鋼筆筆尖使用能彎曲的彈性材料，因此和其他類型的筆相較，能寫出更多種不同粗細與濃淡的字體。

在餐廳能就熟度作「三分熟、五分熟、全熟」的點餐方式也具有可變性。

在分離的各部位分別加上可變性，將能對目標物進行細部的控制。將固定、一成不變的機能轉變爲能對應狀況的設計，是對TRIZ的進化模式也大有啓發的「絕佳」技術。

關聯用語｜ 調節、On/Off、各個情況、可動部位、可變、關節、開關、槓桿、對應狀況、順應、控制、加減、分歧的條件、選擇、

具體實例｜ 變速排擋、鏈條、瓦斯爐的旋鈕、鞦韆、裝卸結構、繫成一串、選擇課程、If-else文法、

面對問題時，有時候會稍微放寬「要求的方法」或是些微增加「使用的量」以求問題的解決。並且，些許不足、運用過剩的資源、大略的估算或近似都是〈#16 大約原理〉。

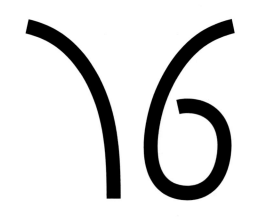

想像著漏斗的剖面圖畫出一個彎曲的1，接著在對稱處畫一個以「稍微不完整的圓」作結尾的6。

不完整

大概地應用**「稍微不足或是過剩的事物」**最常見的例子便是**圓周率**。

圓周率是3.14159265358……無限地循環下去，若是用來計算，將永遠沒有結束的時候，因此會訂定「圓周率為3.14」以方便計算。

並且在求圓周率時，阿基米德是將「比圓稍微大一些（外接）的多角形」與「比圓稍微小一些（內接）的多角形」**逼近推算**得出圓周長。

不只是圓周率，將**尾數做四捨五入**來計算也是常有的事，而交易的時候也是先從接受**概略估價**或是**概略的日程**開始。

本原理的優點在於「副作用少・可以預期」。

在以**或多或少**的量解決問題的時候，並不是將新的資源追加入系統中，而是調整所有資源的量。如此一來不僅副作用少，還能確保預測的可能性。

要能活用〈**#16 大約原理**〉的秘訣在於事先設想好「雖然有稍微的過剩或不足，但要使其能確實地發揮功能該怎麼做」。

例如十字螺絲，就算螺絲起子稍微大一點或小一點也都還是能鎖緊。

此外像右頁所舉例的**漏斗**或**籃球框**，藉由**設置適當的引導裝置**協助使過程更加地有效率。

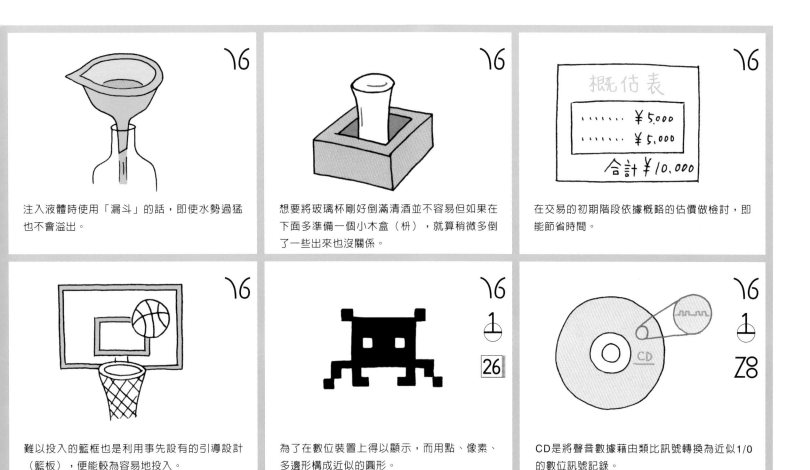

注入液體時使用「漏斗」的話，即使水勢過猛也不會溢出。

想要將玻璃杯剛好倒滿清酒並不容易但如果在下面多準備一個小木盒（枡），就算稍微多倒了一些出來也沒關係。

在交易的初期階段依據概略的估價做檢討，即能節省時間。

難以投入的籃框也是利用事先設有的引導設計（籃板），便能較為容易地投入。

為了在數位裝置上得以顯示，而用點、像素、多邊形構成近似的圓形。

CD是將聲音數據藉由類比訊號轉換為近似1/0的數位訊號記錄。

生活周遭近似的例子是「數位化」。如圓形的物體是利用正方形的集合顯示來表示，立體的物體則是利用建模（多邊形的集合）的近似，並且將顏色用256色階替代〈#26〉處理。

關聯用語｜ 稍微多出、稍微減少、四捨五入、近似、量子化、數位化、數值化、即使溢出也沒關係、設置引導、過度、不足、

具體實例｜ 漏斗、居酒屋的玻璃杯+小木盒、以500日元為單位的費用分攤制、十字螺絲、估計、手套、圓周率3.14、多邊形、

觀察發明原理「變形」4則原理

▸▸▸ 人體

發明原理〈#13～#16〉多與形狀相關，自「人體」的各處也能夠發現**變形的4則原理**。科學技術的歷史至多不過數百年，但是人體卻是經歷數萬年、甚或數億年**淘汰演化後「集大成的結晶」**。

人體中隨處可見的是〈#14 曲面原理〉。首先是正在閱讀本書的眼睛，「**眼球**」正如其名，由於是球體所以可以上下左右、自由自在地活動。如果眼睛是立方體的話就會變成是要用頭來代替眼睛轉動去看東西。

而守護頭的是「**頭蓋骨**」，呈圓形的**圓弧狀**，用極少的重量和厚度來達到能保護重要頭腦的堅固度。

默默支持頭部的**頸椎**、**脊椎**與**足弓**也都是由於呈「**弓形構造**」而能穩定地支撐住自身的重量。

一般在承受撞擊的都是骨頭，但也是會有骨頭無法招架的時候。如果爲了要讓骨頭能承受所有的撞擊，而使其漸漸地變粗、變硬的話，骨頭的重量也會漸漸地增加。
　此時，有一種骨頭便承擔了「**藉由碎裂狀來承受撞擊**」此種反向發想的任務。
　這種骨頭正是「**鎖骨**」。並非「不能碎裂」而是「**爲了碎裂而存在的骨頭**」，是很絕妙的〈#13 反向思考原理〉。發生困擾的時候就像車子的引擎蓋一樣，試著代入爲了承受撞擊的「鎖骨角色」來解決問題看看吧？

〈#15 可變性原理〉與其說隨處可見，不如說「所有的關節」都是此類。

關節又分爲可以屈伸的**指關節**、可以旋轉的**肩關節**以及可以屈伸與旋轉的**肘關節**等，就算一言以蔽之說關節是**有可動部位而有可變性**，實際上也是有分成許多不同的模式。

並且關節的構造大多都跟**髖關節**一樣，是呈「**即使稍微移位也沒關係**」的**碗狀構造**。是〈#15 可變性原理〉加上〈#14 曲面原理〉和〈#16 大約原理〉所展現出的巧妙結合運用。

此外飯後的「**消化構造**」則是〈#16 大約原理〉的藏寶庫。
　「用牙齒咀嚼食物」、「在胃用胃酸分解」、「小腸吸收營養」、「大腸吸取水份」是消化食物的過程，然而不論是哪一個階段都是「**大約完成後**」便進入下一個階段。
　即便如此它們也依然是極佳的**消化器官**。

跟自「手」發想出的啓發集相同，將從身體中找到的發明原理也集結起來的話，也會成爲無論何時都能派上用場的好幫手。

觀察發明原理「變形」4則原理

▸▸ 洗衣機

過去洗衣服是所有家事勞務中最花時間的一項。解決這個難題的是甚至有被稱爲三種神器之一的**洗衣機**。這一次便讓我們自洗衣機中來找找看發明原理吧！

大部分的洗衣機，都可以對應待洗衣物的材質或髒污來選擇洗衣流程，洗滌的次數以及脫水的時間也可以**選擇**設定。

像這樣，依據待洗衣物的狀況來選擇輸出功率的是〈**#15 可變性原理**〉。而洗衣機的用水不只是來自水龍頭的自來水，還能導入泡澡水來使用也是**可變性**〈**#15**〉的一例。

啓動洗衣後，洗衣槽便會開始咕嚕咕嚕地運轉。如果洗衣機是設計爲像洗衣板一樣進行直線的高速往返運動的話，應該會發出很大的噪音。利用**圓周運動**消除了衣服滾動速度和噪音間的權衡問題。這是〈**#14 曲面原理**〉的有效應用。此外藉由旋轉而脫水，是生活中最容易觀察到的一種**離心力**應用，也是〈**#14 曲面原理**〉。

接著是脫水，只利用脫水便要完全弄乾衣物的話，大概要花多少時間呢？恐怕就算連續脫水3個小時衣服也還是不會乾的。

實際上脫水大概只要5分鐘左右便能去除**90%**以上的水分並進入到下一個乾燥的階段，這就是〈**#16 大約原理**〉。

而最近有些洗衣機甚至還附有烘乾的功能，被稱做「洗脫烘洗衣機」。

洗脫烘洗衣機是在主要的洗衣功能外，還附加有烘乾的功能，因此一般的思考流程通常會是「應該要怎麼做才能使洗衣機具備烘乾機的功能」。

然而洗衣槽是垂直配置的一般洗衣機，由於衣物會積存於底部而無法有效率的進行烘乾。

於是此處必須以「烘乾功能」爲起點開始思考，如果要有效率地烘乾衣服的話應該要怎麼做。藉由**反向思考**「可以在烘乾機上附加洗衣的功能嗎？」而發想出了橫向滾筒式的洗脫烘洗衣機。

這是一個卓越的〈**#13 反向思考原理**〉的例子。用較淺白的方式說明，就是現行的商品原本想要添加能吸引消費者的新功能，在碰上瓶頸後轉向思考，改成在有著欲添加功能的專用商品上加上現行的功能，進而創造出了不起的新商品。

家電可以說是專利的藏寶箱，除了洗衣機之外，從其他家電中也能觀察到許多的發明原理。

「變形」4則原理 ▶ ▶ ▶ 迴轉壽司

ⓐ 壽司圓盤在轉角處能夠順暢地轉彎

➡ 〔發明原理　　　　　〕 （提示：如果壽司盤是四角形的話）

ⓑ 輸送帶在轉角處也能順暢地轉彎

➡ 〔發明原理　　　　　〕 （提示：輸送帶是由新月形的零件連結而成）

ⓒ 選擇已經捏好的壽司吃

➡ 〔發明原理　　　　　〕 （提示：一般是顧客點了之後才捏）

ⓓ 即使成本的差異很大，收費仍是依盤子種類訂有固定的價格

➡ 〔發明原理　　　　　〕 （提示：歸類至固定價格）

迴轉壽司這個產業充滿了有提出專利申請的創意，產業規模也已達到3000億日圓以上，是一個「巨型發明」的產業。

首先一入座便能看到裝有壽司的圓盤在眼前不斷地經過。ⓐ眺望轉角處則能看到圓盤順暢轉彎的樣子。

此爲〈#14 曲面原理〉。如果像吧檯壽司一樣，爲了要呈現出高級感而採用方盤的話，在過彎處方盤很有可能會因爲互相碰撞而翻倒。

接著來看看ⓑ在盤子下方的輸送帶，由於是用**新月形**的平板**連接**而成，不僅直線前進沒有問題，在拐彎處也可以很流暢地過彎。這是〈#14 曲面原理〉和〈#15 可變性原理〉的完美結合。

並且，新月形的平板並不是完全地將輸送道覆蓋，而是稍微留有空隙以確保可動性，此乃〈#16 大約原理〉。

終於決定好要吃什麼ⓒ要伸手拿盤子了。此時，卻會注意到迴轉壽司和以往在壽司店的「點餐和捏壽司順序」是**相反的**。

迴轉壽司由於是先捏好壽司放著，所以可以依據師傅的速度來捏壽司，一位壽司師傅便能捏出比一般更多的壽司。這是活用〈#13 反向思考原理〉，同時也與抑制成本息息相關。

最後是結帳的部分。ⓓ依據魚的成本不同，分爲120日圓、240日圓……大致**統一成數種**的價格以便於計算，這是〈#16 大約原理〉的一種型態。

迴轉壽司店是一個如此富有發明原理的地方，若是在解決問題時碰到了阻礙，不妨晃過來看看吧！

「變形」4則原理 ▶▶▶ 電扶梯

ⓐ 電扶梯踏板的大小設計為比腳的尺寸還要大

➡ 〔發明原理　　　　　〕（提：要對應所有腳的尺寸來做設計會太過困難）

ⓑ 電扶梯的臺階高度，在乘降時會為0

➡ 〔發明原理　　　　　〕（提示：臺階高度是動態的）

ⓒ 電扶梯的扶手（鏈帶）是不中斷地持續著

➡ 〔發明原理　　　　　〕（提示：能不斷循環的原理是？）

ⓓ 一般無人搭乘時是低速運行，有人搭乘時則轉為高速運行

➡ 〔發明原理　　　　　〕（提示：移動速度非固定）

ⓔ 清潔人員不需移動即可擦拭電扶梯的扶手

➡ 〔發明原理　　　　　〕（提示：不是由清潔人員作移動，而是由擦拭的目標物作移動）

電扶梯在19世紀時已經被發明出來，並在之後持續加上各式各樣巧妙的設計。

ⓐ站上去搭乘的踏板會做成比腳還要大的設計，藉此對應各種腳的尺寸。毫無疑問地這是〈#16 大約原理〉的其中一個實例。

不只是電扶梯，任何遇到問題的主體留有一些靈活應變的空間，便極有可能將問題作一次性的解決。

使臺階高度轉為動態的ⓑ正是〈#15 可變性原理〉的應用。ⓒ的扶手能持續不間斷則是應用〈#14 曲面原理〉創造出

連續性〈#20〉的最佳案例。

ⓓ則非著重於臺階高度，而是在速度方面加上可變性〈#15〉。

一般想要擦拭物品時都是藉由移動自己的手來進行，但是在電扶梯的情況下，由於想要擦拭的對象（扶手）會主動的移動，因此ⓔ進行擦拭的手可以靜止不動也沒關係。

這個技巧也就是「相反地」由目標物來做移動的〈#13 反向思考原理〉。說起來，電扶梯本來就可以算是「由臺階（靜止物）將人升起（動態）」此種「人不動，臺階動」的反向發想〈#13〉。

那麼最後再一次，請從「變形」的4則原理中，選出1則你認為最實用的原理。

〈#　　　　原理〉

9宮格法

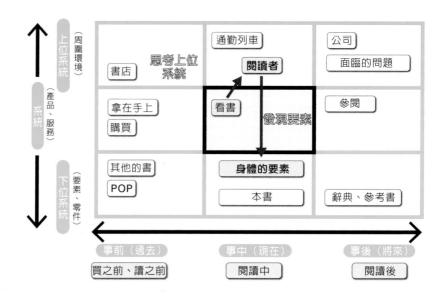

在第3組的TRIZ延伸單元中，介紹了分離時間的發想方法 —— **事前、事中、事後（T1、T2、T3）**，而在那之上再增加一次元的話，便會成為二次元的3×3 = **9宮格法**。

增加的一次元，是連同「**上位系統（周圍環境）**」與「**下位系統（要素、零件）**」一併考量，使思考的範圍更加寬廣。

其結果可以發現對於解決課題「**有用的**」**資源**，以及讓事前的對策更容易執行。

例如本書中時常舉例的「人體」。應用於9宮格法，作為書的**上位系統**正在閱讀本書的讀者們；而讀者身體的各部位則成為**要素**作為解說的資源來使用，好讓讀者們能夠理解本書。

並且，在事前與事後藉由思考目標物

的上位系統與下位系統，將能使視野更寬廣。

在第3篇會介紹將發明原理整理分類的「發明原理標誌 on 9宮格法」，是我在認真思考各類發明原理對應於「9宮格法中的位置」後所作出之物。

從一次元轉為二次元，在增加次元的同時也能成為產生新構想的啟發。接下來便是

擁有此一功能，以〈**#17 移至新次元原理**〉為首的「效率化」之4則原理。

勝者之戰民也，若決積水
於千仞之溪者，形也。
（勝者打仗，有其氣勢。）

《孫子兵法》孫武

技巧類
第5組

效率化

相對於「變形」的4則原理〈#13～16〉主要是使形狀產生改變,「效率化」的4則原理〈#17～20〉則是改變系統的利用空間或時間以促進**效率化**,是一組可用來解決輸出增加時,會伴隨著的能源消耗矛盾的發明原理。

與因為是形狀的變化,很容易便能看到不同的「變形」4則原理相比,「效率化」的4則原理則多是無法一目了然的巧思,需要多留心、從意想不到之處去發現,是值得記憶的發明原理。

在發生災害,要前往無法從一般道路進入的地方時,救援隊會利用空中這個三次元做有效率的接近。使用新次元來達成效率化的即是〈**#17 移至新次元原理**〉。

急著想要取出包包內的東西時,會搖晃包包或袋子。用搖晃或類似電磁波振動的方式使系統的運作更有效率以解決問題的是〈**#18 機械振動原理**〉。

使系統具有運轉的快慢或週期性的停歇以提高效率,如同指揮者般存在的是〈**#19 週期性動作原理**〉。依據最新的專利調查結果,要向上提升機能的效率時,時常會需要參考本原理,因此是一項備受關注的發明原理。

自行車如果持續不停地踩將會使能量的效率提高。相同的道理,在運轉的開始與停止較會消耗時間和能量的情況下,使之連續不斷地運轉較能達成效率化。這是〈**#20 連續性原理**〉。

為了要提升效率而導入新的物質或構造,結果意外產生副作用的情況不在少數,此4則原理由於是利用時間方面的資源,因此較無副作用的存在。

本組原理是在思考如何提升效率時,可以優先考量的無害發明原理。

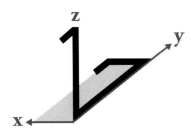

〈#17 移至新次元原理〉

不只是利用二次元平面，同時也利用三次元方向，將空間做有效率的使用。

〈#18 機械振動原理〉

藉由使物件振動或使兩個物件共振，讓物質或能量能夠有效率地傳遞。

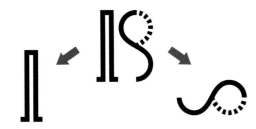

〈#19 週期性動作原理〉

把一直在開啟（On）狀態的輸入輸出力，改為像脈衝波般具有間歇性的輸入輸出力，或是採用如交流電源般週期性的方式進而提升效率。

〈#20 連續性原理〉

就如同自行車踩踏後能持續順暢地前進，系統若是也設置成能夠連續作業的話會更加有效率。

〈#17 移至新次元原理〉又稱為另一次元原理。是一種從線（一次元）擴展至面（二次元），從面擴展至立體（三次元）的思考模式。與〈#14 曲面原理〉並列，都是在解決和尺寸相關的權衡取捨時相當便於應用的原理。

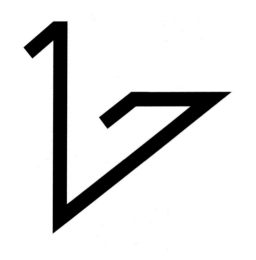

本標誌是由7構成X、Y平面，並向Z軸方向延伸畫出箭頭般的1以表示往新次元的轉移。

將一次元的事物二次元化以解決問題，最常見的例子是「**10×10矩陣計算練習法**」，將100個加法計算填入二次元的表格中，解決「問題數量」與「答案紙面積」的牴觸。

在商業架構中二次元化也是非常廣泛地受到應用，而且比起未使用**二次元圖表**的SWOT分析與TOWS矩陣這類分析法來說，是無法想像的好用。

將原本是二次元的物件改為三次元，進而提高土地的使用效率解決問題的正是**立體停車場**，將「想要停泊的車子數量（物質的量）」與「停車空間（面積）」的權衡問題漂亮地解決了。**雙層床**也是相同的道理。

還有將沒有空間放置的書本或文件**堆疊**起

來也是如此，此外**書本**的形式也是利用將紙張往三次元的方向堆積，消除了資訊量與面積間的取捨。

向其他次元的移轉，並不只限於由一→二→三次元的空間移動。其他例如**書籍加上香味**、號誌配上**警示音**、影像添加**觸覺刺激**、商品價格不變但是加上贈品也都是向其他次元的移轉。

碰到問題難以前進時，試著自其他次元尋找看看提升效率的方法吧！發明原理自其他不同行業中提取出的技術，也是自其他次元轉換來而更加效率化的一種。

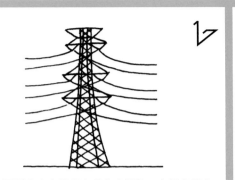

在平面方向上沒有充分的空間時，自三次元方向尋找出路是常有的事。經由往上空延伸可用最短的距離架設電線。

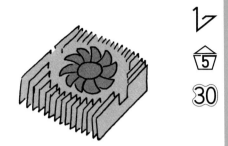

中央處理器（CPU）的散熱風扇，藉由在三次元方向上配置數片金屬薄板提升散熱功效。

由上往下的懸掛也是利用三次元方向的一種。

從二次元摺出複雜形狀的摺紙，這名為三浦摺疊的摺紙法更是被應用在人工衛星的太陽能電池面板上。

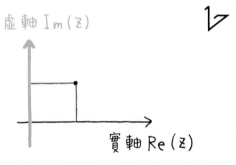

一次元的實軸加上虛軸建立複數平面，藉此交流電源等的電流也能用數學式表示。

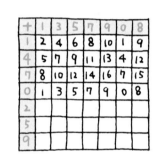

將問題用二次元表示，讓100個問題與答案可以簡潔地收入10×10的表格中。

此處所說的向其他次元移轉，不僅是指二→三次元，而是將至今都未使用到「次元」，還有像是「電磁波方向〈#18〉」與「時間方向〈#19、#20〉」的利用等都涵蓋在內。

關聯用語 高度／深度方向、空中、空間、有效利用、懸掛、堆積、雙面可用的、矩陣化、高樓化、多層化、三次元化、

具體實例 立體停車場、多層餐盒、多層電路板、書、10×10矩陣計算練習法、複數平面、散熱風扇、摺紙、三浦摺疊法、圖層功能、

想要對某個事物施加「作用」，但又希望能將因此可能產生的危害降至最低，此時不是添加某些新的「物質」，而是利用施以各種頻率的機械式振動來解決問題。

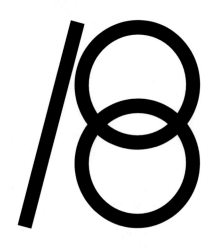

此標誌是用作為鼓棒的1敲打○藉由振動呈現出8的樣子。

〈#18 機械振動原理〉是運用「振動」也就是「搖動」來解決權衡問題的方法。**音波、超音波、電磁波、X光**等以各種頻率振動的波，都有助於提高效率。

精密的健康檢查、孕婦的「**超音波檢查**」都有使用超音波，這是由於超音波有著副作用較少的特性。同樣的，**微波爐**應用高頻的電磁波使水分子直接振動，而能在加熱之餘不弄焦食物。

而利用稱爲**共振**的現象，能讓本原理的應用範圍更加地寬廣。收音機與電視的「**無線電波**」以及無線區域網路的**無線通訊**都是其中一個例子。

除此之外，若是引起物質固有的振動便會變成稱作「**激發態**」的狀態，例如發出螢光、產生雷射光線等。

抽象的振動也可以設想爲是「**使條件搖動**」，在網頁上設有兩種版本的排版作爲條件，測試客戶反應的**A/B test**，以及類似彩券隨機拿取的模式都是屬於此類。

自矛盾矩陣中獲得〈**#18 機械振動原理**〉爲提示時，試著使系統振動或加上電磁波看看，或許就會離問題的解決更近一步也說不定。

鼓與銅鑼，敲擊使其振動會發出聲音。

麥克風是將空氣的振動轉變為電流的振動來傳遞聲音。

擴音器是將電流的振動回復為空氣的振動，變回原來的聲音。

在烹飪時，是不可能等著讓食材自然地混合，必須從外部施加振動才能達成。

改變振動的速度，例如高速攪拌至液體起泡會產生口感改變等新的效果。

在進行模擬時，納入機率的搖動（＝隨機性）能提高效率。

縮短機械性振動的週期達到電磁波的程度，還能為機械的替代〈#28〉。此外若只是單純搖動的話，可能會有溢出的副作用，改用高速振動〈#21〉則能減少此一副作用的發生。

關聯用語 振動、搖動、敲擊、超音波、電磁波、共振、雷射、攪拌、搖晃、機率、模擬、

具體實例 攪拌、微波爐、無線通訊、收音機、超音波檢查、模擬退火法、攪拌器、音叉、

〈#19 週期性動作原理〉的形象就像是受指揮家所指揮的「節奏與休止符」。在連續的輸出中加入週期性的停止時間，或是藉由週期性的切換開關來解決問題、增加新的功能。

此標誌是模仿脈波的1、週期性的正弦波以及其消除的相對位所組合而成。

脈波　　　正弦波　　　相對位

在製作某新事物時，常會有某個功能「一旦開啓（On）之後便一直維持在開啓（On）的狀態」。若只是在確認該功能的效果、做研究或測試的階段並不至於有什麼問題，然而若是在要長期使用的正式場合便會有能源消耗的問題。

如果目標物的運作與機能，可以設定為週期性的On與Off的話，即能在確保機能的情況下減少能源的消耗，化解機能與能源的衝突。

像**洗衣機**具週期性的「旋轉與暫停」，比起不停地旋轉更能節省能源。

再多花一些心思，增加只有在必要時On不必要時Off這類**脈波**（脈動）的動作也是〈**#19 週期性動作原理**〉。暖爐與空調機在偏離設定溫度時才會開啓也是具體的例子。

日常生活中也有週期性的存在，由於「提早預定會較容易安排」的便利性。古時候的「五日市」與「酉市」之所以如此命名，便是由於其為**定期**舉辦的「市集」，現代也常會看到固定於「每週的星期●」舉辦的特惠活動。

像這樣，將連續的、零星發生的過程特意加上週期性的作用，便可以期待能達到效率化、減少偏差的效果。

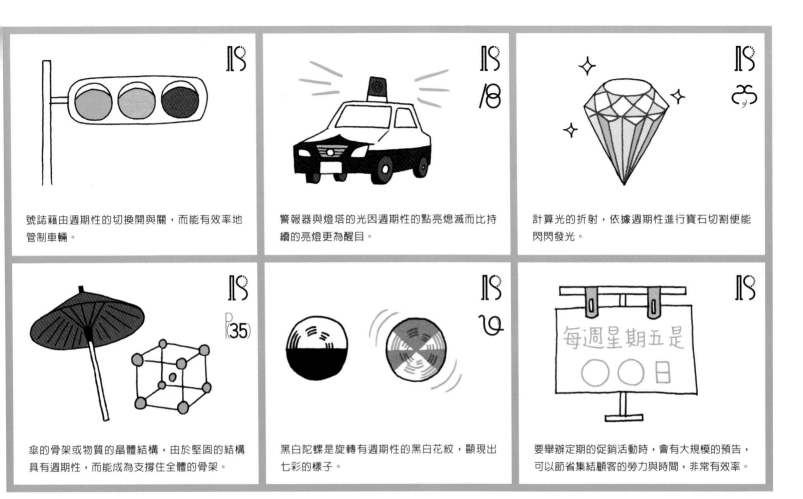

號誌藉由週期性的切換開與關，而能有效率地管制車輛。

警報器與燈塔的光因週期性的點亮熄滅而比持續的亮燈更為醒目。

計算光的折射，依據週期性進行寶石切割便能閃閃發光。

傘的骨架或物質的晶體結構，由於堅固的結構具有週期性，而能成為支撐住全體的骨架。

黑白陀螺是旋轉有週期性的黑白花紋，顯現出七彩的樣子。

要舉辦定期的促銷活動時，會有大規模的預告，可以節省集結顧客的勞力與時間，非常有效率。

〈#19 週期性動作原理〉是在想要提高溫度卻又不想增加能源消耗、要回應數種要求但資源卻有限時，常用來解決這些矛盾的原理。對於提供的功能如果能了解其間歇性或週期性，則就算是休止期間也有善加利用的可能。

關聯用語┃ 間歇性、脈衝、週期性、定期性、停止期間、輪詢、正弦波、方波、花紋、模式、每月、每～、

具體實例┃ 洗衣機、暖爐、空調機、號誌、欄杆與骨架、晶體結構、黑白陀螺、迴轉編碼器、

連續性原理

── 連續

〈#20 連續性原理〉是與前面〈#19 週期性動作原理〉相對的原理。先前的原理是在連續進行的動作中插入週期性的停止狀態,而此一原理則是讓停止後再回復會更費工夫的動作,持續不斷地運作以求問題的解決。

此標誌是將自行車順暢行走的狀態與數字20重疊。

〈#19 週期性動作原理〉是適用於在切換On/Off時會發生成本減少的事物(例如微波爐)之上。〈#20 連續性原理〉則是在切換On/Off有困難時便能派上用場的發明原理。

構成發明原理標誌一部分的**自行車**,在剛開始踩踏板時需花費較大的力氣,但達到一定的速度之後,即使不太出力也可以快速的前進。若是在沒有交通號誌也沒有急轉彎的「**自行車專用道**」上,便可以快速、不費力的到達目的地。能夠持續「最佳狀態」的即是〈**#20 連續性原理**〉。

同樣地,不停行駛的山手線等**環狀線**電車或**巡迴巴士**也是。

在終點站乘客全部下車後,車子進入車庫的期間,電車將無法乘載乘客,然而若是環狀線電車,乘客則能不斷地搭乘,效率較高。

考量到店舖的有效利用,**24小時營業**的便利商店也是同樣的道理。

還有工廠,特別是製造過程中會處理到液態物品的化學工廠,若是一時停止運作則可能會有材料固化的情形發生,因此有必要**24小時連續不斷運轉**。

日常生活中,如果某一工作的開始與結束會較爲麻煩時,不妨思考是否能藉由連續的進行,有效率的運用時間和資源。

自行車如果不斷行走,不僅能維持平衡不會翻倒,能量使用的效率也較佳。

披薩刀藉由轉動,刀刃會不斷地接觸披薩,因此無論是何種大小的披薩都能切割。

座艙不斷循環的摩天輪,使遊客能一個接一個地搭乘。

二個人一起做年糕,有一人幫忙翻面,另一人便能不間斷地搗年糕。

要連續使用膠帶時,膠台便是很可靠的好幫手。

釘書機藉由彈簧的力連續不斷地補充釘書針,而能持續地進行裝訂。

要實現連續性,時常會利用圓環〈#14〉、週期性〈#19〉。另外也可以常見到像釘書機利用彈簧〈#9〉的情形。

■ 關聯用語│ 總是開著、不停止、無限、連續作業、消除浪費、繼續、連續不斷、總是、循環、旋轉、
■ 具體實例│ 24小時營業、山手線、巡迴巴士、連續掃瞄、自行車、搗麻糬、二人一組進行輸入作業、

觀察發明原理「效率化」4則原理

▸▸▸ 人體

我們又要再一次地自人體中來探尋〈#17～#20〉「效率化」的發明原理，試著將自己的身體當作「發想的工具箱」吧！

首先是〈#17 移至新次元原理〉。圓圓的臉上所凸出的**耳朵**，使人體的收音裝置從球體的頭巧妙地移轉到其他次元。

還有吸收營養的小腸，為了要增加吸收養分的面積，在腸道的一次元構造上增加了稱為「**黏膜皺摺**」的三次元構造。

像這樣的消化器官，從食物和胃酸在胃裡混合開始，到腸道向前推送食物等**蠕動運動**都是〈#18 機械振動原理〉的應用。

而〈#19 週期性動作原理〉的代表例子當然就是**心臟**。為了推動血液循環，像馬達搬不停運轉的話，會過於消耗能量，但無規律性的運作和休止也會造成問題，因此藉由週期性的「收縮和舒張」使血液流出與流入，用較少的能量便能達成血液循環的功能。

〈#20 連續性原理〉從蜥蜴和恐龍等會隨著外界氣溫改變體溫的變溫動物，與**恆溫動物**的人類做比較來觀察。

變溫動物會依據外界氣溫的變化，改變自己的活動範圍與時間。對能量的運用很有效率，但由於無法自己控制變溫的要因而不利於生存競爭。

另一方面，恆溫動物的能量使用效率雖然較差，卻能經常性的（=連續性的）活動。

恆溫動物的能量使用效率雖說是稍微遜色了點，但是從屬於變溫動物的爬蟲類產卵數，與屬於恆溫動物的哺乳類產子數相比，可以發現恆溫動物的存活率（=物種綿延的機率）較高。

和「變形」的4則原理相比，「效率化」的4則原理是需要抽象思考才能發現的原理，但在像這樣探求原理的過程中，不禁令人再次感受到人體的奧妙。

觀察發明原理「效率化」4則原理

▸▸▸ 電車

首先從電車內開始，將有限的空間有效地利用，作為廣告的空間，是〈#17 移至新次元原理〉常受到應用之處。

垂吊廣告是不滿足於二次元的牆面利用，而在三次元創造出新平面的產物。並且，廣告本身也並非只是二次元的紙張，利用全像圖（Hologram）在同一面積上刊載雙倍的資訊，或是直接加上產品包裝盒等**三次元的廣告**也很常見。另外還有「彩繪列車」，將目光吸引到「車廂外側」是〈#17 移至新次元原理〉，也是〈#13 反向思考原理〉。

接著是車廂內的廣播，車掌先生的廣播傳遞到我們的耳朵中，是經過說話→麥克風→電子訊號→擴音器→耳朵，由**機械性振動**〈#18〉所組成的連鎖反應。

在行駛途中，列車的運行若是發生混亂時，鐵路公司的指揮中心會利用「**無線通訊**」發送訊息。這也是藉由不同週期的電波在空氣中傳播，並且和電車上的天線「**共振**」以達到資訊的傳遞。

另外，電車時常接收到的東西，除了無線通訊外，還有驅動電車運行的電力。此電力是「電位會呈現週期性高低變化」的**交流電**，比起「電位一直位於高處」的直流電損耗較少，也就是說，利用〈#19 週期性動作原理〉，能更有效率綠地輸送電力。

〈#20 連續性原理〉則在以山手線為首的「**環狀路線**」中可以觀察得到。因沒有「終點站」，而提升車輛與乘客的連續性。環狀同時也是〈#14 曲面原理〉的應用。

此外快車與特快車的最高速度，實際上是與每站皆停的區間車相同，但是因為沒有**停車時的時間損失**，所以能比每站皆停的區間車更快到達目的地。這也是一個善用〈#20 連續性原理〉的例子。

應該很常聽到，廢寢忘食想出來的問題解決方法或重大發明，居然是與至今毫無關聯的現象相結合而產生的例子。同樣地，藉由TRIZ的發明原理，即使是在擁擠、無法動彈的通勤電車中，也能不受中斷持續地思考應如何解決問題。因此在迫切希望解決問題的時候，TRIZ的發明原理可以說是〈#20 連續性原理〉的最佳應用例。

容易浮現創造方法的三上中的馬上，或是3B中的Bus，換做現代的場景就是指搭乘電車時。集中注意力，或許通勤時間也能成為效率極佳的發想時間也說不定。

WORK 「效率化」4則原理 ▶▶▶ 料理用具

a 微波爐加熱
➡〔發明原理 　　　　〕（提示：利用電磁波使水分子振動）

b 利用微波爐的「弱」設定解凍
➡〔發明原理 　　　　〕（提示：反覆進行加熱1秒、暫停2秒的過程以解凍）

c 利用水蒸氣加熱的新型水波爐
➡〔發明原理 　　　　〕（提示：採用前所未有的原理）

d 利用電熱水瓶隨時都能有熱開水
➡〔發明原理 　　　　〕（提示：重點在「隨時」）

e 電熱水瓶是採雙層保溫瓶的構造
➡〔發明原理 　　　　〕（提示：接觸熱水的是內層，而中間層則……）

f 電熱水瓶的保溫功能
➡〔發明原理 　　　　〕（提示：反覆短時間的加熱以保持溫度）

g 電熱水瓶是藉由電力煮沸開水
➡〔發明原理 　　　　〕（提示：使水分子振動來煮沸開水）

「微波爐」與「電熱水瓶」自很久以前開始就是廚房內必備的用具。

這回的實作練習便是從這兩樣物品中探討「效率化」的4則原理。

想要將某物品加熱，都是藉由使構成該物品的細小粒子（分子）激烈振動來達成。ⓐ微波爐的構造，便是利用電磁波使水的分子（細小的粒子）振動來加熱，也就是〈#18 機械振動原理〉。

ⓑ微波爐大都設有「弱」的功能。比如將功率600W的微波爐當作200W的微波爐使用，然而實際上，這是將600W的電磁波作輸出1秒、暫停2秒的動作來達成，是〈#19 週期性動作原理〉的好例子。

微波爐藉由「時間性的開、關同一種輸出功率」並做組合，而能達到解凍冷凍食品與加熱根菜類的各種功能，雖然各家廠商有將產品進行差異化，但探究其應用的基本原理都是相同的。

而最近帶起新風潮的則是ⓒ「利用水蒸氣加熱」。雖然有些抽象，但這也可以視爲是〈#17 移至新次元原理〉的一種。

接著是電熱水瓶。

常要用到熱開水時，如果每次都要用燒水會花費很多的時間。ⓓ使用電熱水瓶便能一直有已經沸騰的熱水，是〈#20 連續性原理〉的一個傑出例子。

當想要製造能使熱水不易冷卻的容器時，就會立即浮現出要將表面積此種二次元的面積近可能縮減的想法。

　ⓔ保溫瓶是將自垂直方向隔絕空氣的真空層雙層化，以達到保溫的效果。掌握熱的移動並不只是二次元，而是三次元的現象來解決問題，可以說是善加應用〈**#17 移至新次元原理**〉的最佳實例。

這一題或許比較困難，但從各種巧妙的發明中觀察發明原理時，其竅門是要從「若是沒有採用現在的方法，會變成什麼樣的狀態呢？」去思考。

又ⓕ電熱水瓶內的水之所以一直都是熱的，是將已加熱的水利用保溫功能維持其溫度的關係。

　此功能也與微波爐的「弱」功能相同，是利用「將煮沸水的功能，短時間、週期性的進行」以實現，因此又是〈**#19 週期性動作原理**〉的例子。

　ⓖ保溫與煮沸的功能，都是利用電流使金屬分子振動所達成，雖然不是肉眼可看見的振動，但仍是屬於〈**#18 機械振動原理**〉。

在解決問題的空檔喝杯咖啡休息時，一邊看著電熱水瓶，一邊找找看發明原理吧！

像這樣，電子產品集結了各式各樣的發明技巧。尤其是為了減低能源的消耗，（即使是現在這個當下也是）各家廠商的工程師們無不絞盡腦汁、反覆地進行著試作開發。

　記住「效率化」的發明原理，不同領域工程師所發想的發明技術也能應用於解決自己的問題之上。

　又若是兩方的工程師都認識了發明原理的話，將能更有效率地交流彼此的發明技術，並使問題的解決更有效率的前進。

最後請從「效率化」的4則原理中，選出你認為最實用的發明原理。

〈**#　　　　　　原理**〉

進化模式
（Prediction）

本章介紹了〈**#17 移至新次元原理**〉，而阿奇舒勒從大量的專利調查中還發現了「次元移轉的順序」。

此種移轉、改善的過程，在TRIZ稱之為「**進化模式**」，現已組織蒐集有「**31種進化趨勢**」。

進化趨勢（第10種）幾何學的進化，如上圖所示，是依「點→線→平面→三次元表面」的順序進化。

而趨勢（第14種）規則變化的調整，則是對利用到〈**#19 週期性動作原理**〉的系統提示著，如果接著利用「共振」的話，極有可能會有突破性的進展。

附帶說明一下，TIRZ是將突破性的進展稱為「**超越技術進化的S型彎道**」。

趨勢（第10種）幾何學的進化（線性）（←移至新次元原理〈#17〉的順序）

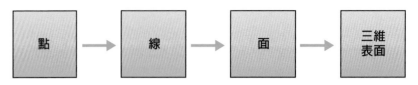

點 → 線 → 面 → 三維表面

趨勢（第14種）規則變化的調整（←〈#18〉與〈#19〉的組合應用）

連續性作用 → 週期性作用 → 共振的利用 → 行進波的利用

並且將作為分析**技術進化S型彎道**工具的進化模式比喻為預言而稱作**TRIZ-Prediction**。

雖然進化模式已做了組織性的歸納並整理成31種，但若是要詳加介紹恐怕又會是一本書的分量。儘管內容龐大，但進化模式其實也與發明原理相同，其萃取的源頭都是來自於大量的專利案件。若是能通曉40則發明原理，並吸收轉化為自己的語彙，那麼31種進化模式也就能輕鬆地學習起來。

接下來，發明原理將扮演介紹的功能，降低學習的難度，介紹下一組的「無害化」。

大多數的人，比起試著解決問題，他們花更多的時間與精力在迴避問題之上。

（Most people spend more time and energy going around problems than in trying to solve them.）

亨利・福特（Henry Ford）

技巧類
第6組

無害化

技巧類的發明原理也進入到後半部了。〈#21~#24〉的「無害化」4則原理，是在系統的主要功能啟動、進行試運轉等測試，與隨同發生的弊害產生對峙時（權衡大多也是這類的事物）發揮作用的原理。

在TRIZ中是將為了達成目的的主要功能等作用，稱作「有益作用」；而弊害則是與有益作用產生矛盾衝突的作用，因此稱為「有害作用」。技巧類中的第3組便是將上述的有害作用作「無害化」處理的可靠發明原理。

在一看到產品並且在噪音或副產品等問題

浮出表面時，便能立即發揮效用，是很容易看見效果的發明原理。

為了要達成無害化，正如其名，在弊害顯現前便完成任務的是〈**#21 快速作用原理**〉。

將弊害與認為是有益的事物做組合，乃是〈**#22 轉禍為福原理**〉。其發明原理標誌也是自陰陽交纏的太極圖中發想生成之物。

藉由回饋（Feedback）減少有害作用的是〈**#23 回饋原理**〉，此發明原理標誌是將數字3大幅地延伸到數字2之前，表示回饋先前狀況的樣子。

設置緩衝減弱弊害的即是〈**#24 仲介原理**〉，其標誌是在24的上方用如M字形的熨燙墊布蓋住。

〈**#21**〉快速地動作（敲擊的話）達摩積木便不會跌落（無害）

工程　　工程　　工程
1 → 2 → 3

〈#22〉翻轉標誌成為陰陽圖形

〈#23〉階段3的成果如能回饋，階段2
會更輕鬆

〈#24〉熨斗的墊布是居中調節（仲介）
的一例

21 快速作用原理
—— 快速

將具破壞性、有害或是有危險性的動作，用極快的速度施行。〈#21 快速作用原理〉是藉由「若是量／時間較少，危害也會較少／不存在」以達到「無害化」。

此標誌是由彎曲竹條所表示的2與像是在高速前進般的1組合而成。

以快速作用而達到無害化的典型案例是醫院的**X光攝影**。若是長時間暴露於X光等放射線之下，會因爲對DNA造成損傷而有害。然而X光的照射，由於照射的時間極短因此近乎無害。

爲了讓打針的疼痛能在一瞬間便結束，使注射針的針頭變得尖利也是快速作用的一種。

基於盡可能縮減有害時間的用意，而**加快網頁的回應速度、減短維修服務的時間**等極力減少顧客等候時間的行爲，在商業上是相當重要的一件事。

作爲發明原理標誌一部分的竹條，在用燭火**稍微烘烤**時也是，會在烤焦或起火等有害作用發生前便遠離火源以達到無害化。

此外利用比有害作用的施行速度還要更快的速度實施反作用，也是預防有害作用的一種方法。

例如要飛往外太空時，**火箭**是利用高速噴射燃燒產生的氣體，將重力等有害作用達到無害化而能航向宇宙。

「動作快點！」許多人都時常把這句話掛在嘴上，確實，如果快速地動作的話，大部分的有害作用都能達成無害化。

〈**#21 快速作用原理**〉是具有優先適用價值的原理。

迅速地揮動，使達摩積木能垂直落下。這是能最真切感受快速作用原理的方法。

開車時眼睛乾澀想要濕潤眼睛，但如果眼睛一直閉著將會造成危險，而瞬間閉眼則無害。

電影是以每秒播放24張靜止的畫面，讓觀眾看成是連續性的動作。

火箭是利用高速噴射氣體來擺脫地球的重力航向宇宙。

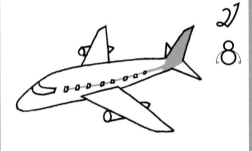

飛機是利用高速前進平衡升力與機體重量。

放射線對人體有害，但由於X光照射時間短暫而影響較輕微。

快速作用的確能減少有害作用的影響，但是因高速振動產生電磁波，或因周圍介質的關係產生音波、震波等，快速作用也會有些許副作用的發生。有效地利用這些副作用也是活用本原理的一種方式。

關聯用語 | 瞬間的、轉眼間的、短時間內、少量的、輕微的、可忽視的、

具體實例 | 急速冷凍、X光照射、注射、牛奶殺菌、竹工藝品、眨眼、火箭、飛機、達摩積木、

轉禍為福原理（禍福原理）
—— 禍福

〈#22 轉禍為福原理〉這個名字很長的原理，正如其名，是將有害物（禍）巧妙地轉換成為能夠產生幫助的物（福）。縮短有相同涵義的「因禍為福。成敗之轉，譬若糾墨」（出自《史記·南越列傳》），又稱作「禍福原理」。

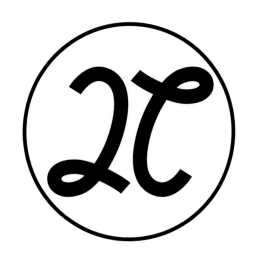

此標誌是由兩個數字的2組合形成像道教太極圖的樣子。

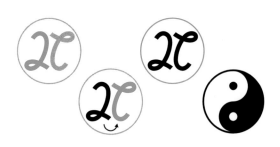

要將有害的事物轉變為有益的事物，有三種主要的方法。

第一種方法是**利用周遭的環境／資源來去除或改變有害物，僅留下有益的東西**。例如將剛開始腐壞的肉品或蛋，**加熱後食用**便是一例。

第二種方法是**使有害作用與另一有害作用相互抵銷，以解決問題**。
　　例如像是**藥品**。常會聽到「是毒還是藥？」的說法，所謂的藥對健康的人而言是「毒（有害作用）」，但是用於（**對抗**）疾病（有害作用）上，便會轉換為有益的作用。把在本國生產卻供過於求的產品用來進行**貿易**也是如此。

第三種方法是將**在少量時是有害的物品，大量聚集起來變成有益的物品**。
　　例如像是單一一個時只是垃圾的廢鐵與空罐，大量**集合**起來便成為資源。智慧型手機的APP則是將顧客「零碎的空閒時間」蒐集起來賺取利益。

本原理將至今都只具有害作用的物品「**轉禍為福**」，不僅僅是使其**無害化**，還能使之具有有益的作用，是一個非常強大的原理。當發現有害作用時，試著像上述般用「**加工使其轉生**」、「**與有害作用相抵**」、「**集合**」解決看看吧！

牛奶盒集中後便能成為資源。且因為是等質的紙張因此也方便回收再利用。

垃圾焚燒場的附近大多都會建有能充分利用該焚燒熱的溫水游泳池。

大豆本來質地很硬難以食用，經由烹煮、過濾、發酵等過程而能變成各式各樣的食品。

河豚將有毒的部位確實地去除後，便能成為美味的食物。

若是少量適當的使用，毒物也能是良藥。另外也有本來是藥的副作用最後反而成為主要效果的情況。

生病時發燒，是藉由發熱來抑制細菌與病毒的繁殖。

在想要有效地利用副產品的時候，利用分離、分別〈#2〉所達到的同質化〈#33〉將可派上用場。此外藉由分量的改變〈#16〉、狀況的改變〈#35～39〉也能使原本認為是有害的作用成為有益的事物。

關聯用語｜重生、轉生、相互抵消、是毒還是藥、對抗、貿易、聚沙成塔、副產品、回收再利用、發酵、加熱、加工、

具體實例｜藥、香料、料理河豚、蘋果的催熟、廢鐵、間伐材產品、垃圾分類、

回饋原理
—— FB

〈#23 回饋原理〉是將在後面過程所發生的事，通知（回饋）給前面的過程以調整輸出，防止已出現的災害擴大、無害化或依據狀況做改善的發明原理。

此標誌是數字3的下半部往2的前面延伸以表示回饋的意思。

延伸到過程　　　　回饋過程3
2的前面　　　　　的結果！

回饋的具體實例常見於機械的領域內，例如**冷氣機**，是將室內的溫度做回饋以防止過冷。或者是汽車的**自動變速器**會收到汽車的車速與引擎的扭力等各種數值回饋。

在商業上也會蒐集顧客的**意見調查**並將結果作成回饋，或是會向上司進行「**報告、聯絡、商談**」等也都是為了獲得回饋以善加利用的緣故。

回饋的方法是依下列的順序逐步地進化。
（依第112頁31種進化趨勢）
　　i. 沒有回饋
　　ii. 直接回饋
　　iii. 透過仲介者的回饋
　　iv. 伴隨智慧化處理的回饋

下面以暖氣機舉例說明。

i是指不考慮室內溫度，持續進行運轉的狀態；ii是只回饋目前的室溫，在「室溫 < 設定溫度」時開始運轉；而iii是除了室溫外，連溼度以及其他的機器狀態也會一併回饋。而依據上述狀態的時間數列變化或過程做未來預測等智慧處理，並將隨同產生之內容做回饋的則是階段iv。

另外，階段iii是會與下一則〈**#24 仲介原理**〉相結合的技術，階段iv則是與更之後的〈**#25 自助原理**〉共同應用以達成的回饋。

記住此一進化趨勢，便能發展出比現今社會常見的回饋還要更上一層樓的「問題自動無害化系統」。

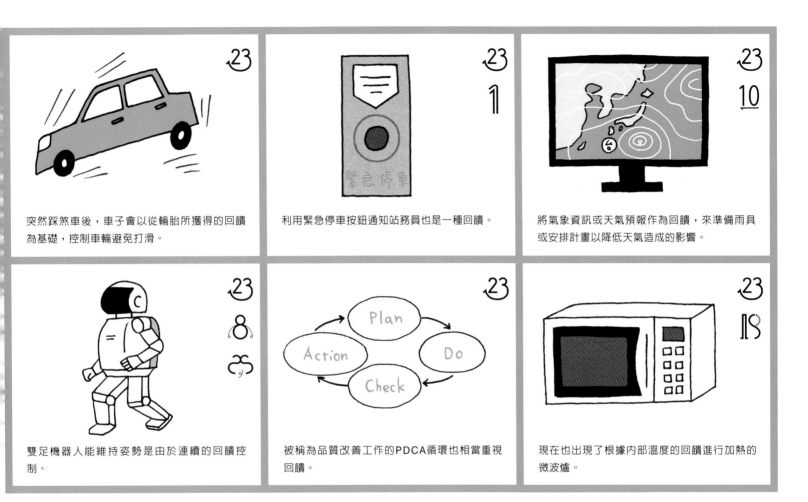

突然踩煞車後，車子會以從輪胎所獲得的回饋為基礎，控制車輪避免打滑。

利用緊急停車按鈕通知站務員也是一種回饋。

將氣象資訊或天氣預報作為回饋，來準備雨具或安排計畫以降低天氣造成的影響。

雙足機器人能維持姿勢是由於連續的回饋控制。

被稱為品質改善工作的PDCA循環也相當重視回饋。

現在也出現了根據內部溫度的回饋進行加熱的微波爐。

現今由微型電腦操控而作用的物品大多皆採用回饋控制。也常見應用在維持平衡〈#8〉，或確保安全的事先保護〈#11〉之處。

關聯用語｜ 控制、反覆核對、參照狀態、感測器、對前後的調整、問卷調查、報告（聯絡、商談）、預報、偵查、（對○○的）鏡子、

具體實例｜ 機械的控制、通知按鈕、警報裝置、冷氣機、定速、PDCA循環、曲面鏡、送交會議記錄、攝影→放映、重新進行、

24 仲介原理

—— 仲介

Intermediary

〈#24 仲介原理〉是在直接作用時會發生不良影響（有害作用）的情況下，利用在中間過程，暫時加入其他事物，導入適當的居中調解角色，實現「無害化」的發明原理。

數字被中間者（Mediator）的英文首字M（或數字3）所覆蓋住，除了可用來連結2與4外，還兼具有使4的尖角變得平滑的功能。

〈#24 仲介原理〉的形象就如同一個沉穩的調停者。舉例來說，就像是**熨斗的墊布**，介入熨斗與衣服之間以減輕有害作用。

顧客的不滿比起突然要負責人直接回應，先經由**客服窗口**調解會比較適當，而在必要的時候請**律師**介入，也是相同的道理。

而本原理在物質方面也有適用的情況。例如從通常無法混合的水與油，探究可使兩者相容的**仲介物**。像一般的調味醬料隨著時間的經過會有油醋分離的現象，但美乃滋卻不會，這是由於美乃滋中有蛋黃作為結合油與醋的仲介物（**乳化劑**），將使分離二者的有害作用無害化。

但什麼是適當的仲介物呢？

答案是：在必要時能快速地達成目的，並且在不需要的時候，不會成為阻礙或能立刻排除。

例如像是**洗衣精**，在洗衣時會與水和髒污（脂質）結合，然後再用清水洗滌的步驟，將其與衣物分離。

眼鏡也是，可作為外界與眼球間的「仲介」，在使視野變得清晰的同時，還具有能輕易地戴上與摘下的特點。

請思考還有什麼也是具有上述特徵之物，並且將其作為第3種物質，導入會產生有害作用的兩個物質間看看。

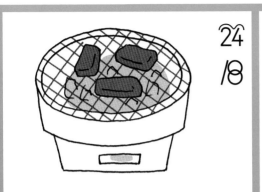

肉品由於不能直接接觸到煤炭，因此放置於網上利用遠紅外線進行燒烤。

隔水加熱，是因為用爐火直接加熱會燒焦食物，因此用水作為仲介使其融化。

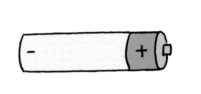

乾電池在以薄膜分隔的陽極與陰極之間，藉由電解液的仲介，產生穩定的電力。

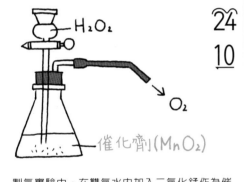

製氧實驗中，在雙氧水內加入二氧化錳作為催化劑加速反應的進行。

稍有錯誤便可能成為毒藥的藥品，藉由用藥記錄與藥劑師的仲介來進行配藥讓患者能安心服用。

想要校正視力或隔絕紫外線，用能輕鬆地取下與戴上的眼鏡最為方便。

在直接作用會產生負面影響的情況，加入仲介物能夠緩和有害作用。在此時，若是使用水作為仲介物，由於是液體〈#29〉所以可以在二者間自由地進出，並且因為價格便宜，而能做一次性〈#27〉的使用。

關聯用語｜ 催化劑、酵素、居間、調停者、窗口、中間過程、中間媒介物質、緩衝、緩衝器、用熱水煮、穿脫、

具體實例｜ 網、燙煮食物用的水、隔水加熱、洗衣精、乳化劑、眼鏡、二氧化錳、熨斗的墊布、緩衝溶液、緩衝區、設計模式之仲介者模式、

觀察發明原理「無害化」4則原理

▸▸▸ 人體

運用進入技巧類的發明原理後，便成為固定班底的人體，來探討「無害化」的4則〈#21～#24〉原理吧！

那麼，首先是〈#21 快速作用原理〉，其實在這個「瞬間」也是，此原理就正在眼前進行著，有發現嗎？

沒錯，就是**眨眼**。如果眼睛一直睜著，眼睛表面組織會逐漸變得乾澀，但也不能一直閉著眼睛。因此，藉由眨眼，在一瞬間完成閉眼的動作，達到「無害化」的實現。

〈#22 轉禍為福原理〉則可舉**發燒**為例。發燒對人體而言是相當不舒服的一件事，但同時對細菌與病毒也是有害的。發燒是利用可能造成人體危害的高溫來攻擊細菌，藉此將細菌「無害化」。

而且，在有些疲憊或是工作日卻有其他事情要辦時，因為有點發燒而能向公司請假，或許也能算是另一種**轉禍為福**。

〈#23 回饋原理〉可以從人體的**恆溫**特性去觀察。

人體在察覺到由於氣溫升高而導致體溫跟著過度升高時，會進行回饋〈#23〉，藉由出汗等機制使體溫下降。相反地，在感到體溫過低時，身體會發抖使體溫升高。

其他還有像是衣服的洋蔥式穿法，或是隨天氣變化想喝冷／熱飲等也都是**感覺器官**將獲得的資訊向大腦進行回饋的結果。飽足感與飢餓感也是如此。

而在人體內所發生的化學反應中，有時也會利用到對人體會造成危害的活性氧。

此時會將含有此種活性氧的化學反應，加入稱為「**酵素**」的仲介物〈#24〉，加快反應的進行〈#21〉以達到無害化。

另外，在某種反應的副產品（≒有害作用）間產生新的反應〈#22〉，或是利用離子通道進行回饋〈#23〉調整反應的速度等也都是很好的例子。

在人體的小宇宙中，為數眾多的分子與化學反應一邊提供有用的作用，一邊對同時產生的有害作用以各種方式「無害化」，達到工業程序所不能及的能量節省與強健性（強壯性、堅固性）。

若是能參考上述案例，找出其他生物所應用的發明原理，應能創造出更高階的仿生技術。

觀察發明原理「無害化」4則原理

▸▸▸ 通勤電車

接著從通勤電車來探討「無害化」。看起來好像充斥著很多有害作用的通勤電車，實際上，已經是相當程度的「無害化」了。

首先是搭乘電車時的**自動剪票口**。由於IC卡的感應反應極快〈**#21**〉，因此剪票口不會有大排長龍的情形。

接著是搭乘時間。長達一小時的乘車時間是極為痛苦的，然而在忙碌的日常生活中，卻可能成為珍貴的閱讀時光。在此也能藉由投入其他資源（此處是書），實現〈**#22 轉禍為福原理**〉。

在搭乘電車時，會聽到像這樣的廣播，「由於後續列車延誤，因此在本站將進行發車時間的調整」。顯而易見地，這是在接收**運行狀況的回饋**後所做的對應。

藉此將運行間距過於分開的有害作用「無害化」。

又，為什麼在都市內要利用電車通勤？為什麼不開車通勤呢？

這是由於都市內的電車是極佳的仲介物，能達到**「移動時間短暫」**、**「方便搭乘」**等目的。

然而若是在市郊，一個小時只有一班電車且公司設有足夠停車位的情況下，能夠作為良好仲介物達成任務的就不是電車，而是一般汽車了。

感覺如何呢？將通勤中的所見所聞以適用之發明原理使其抽象化，或許能成為解決當下難題的頭緒也說不定呢！

被認為是獲得奧運主辦權關鍵的日本鐵路系統，為了要達到全球最精確的營運而充滿了無數的巧思。若只是當成一般通勤的方法，而不用作解決問題、創造價值的手段，那就太浪費了！

「無害化」4則原理 ▶▶▶ 天婦羅

a 用油加熱
➡〔發明原理　　　　　〕（提示：食材不直接接觸到火）

b 將料理筷放入油鍋內確認火候
➡〔發明原理　　　　　〕（提示：對應料理筷冒出氣泡的情況做調整）

c 裹上麵衣
➡〔發明原理　　　　　〕（提示：食材不直接接觸到油）

d 短時間快速的油炸
➡〔發明原理　　　　　〕（提示：長時間油炸的話會如何？）

e 楤芽與蜂斗菜作成天婦羅極為美味
➡〔發明原理　　　　　〕（提示：藉由加熱使苦味……）

f 胡蘿蔔的β胡蘿蔔素容易溶於油中
➡〔發明原理　　　　　〕（提示：透過油使吸收率……）

g 油炸碎屑蒐集成炸麵衣
➡〔發明原理　　　　　〕（提示：為無用的食材創造價值）

這一次以天婦羅為題材，來探討「無害化」的4則原理。

天婦羅是與壽喜燒、壽司並列為日本的代表性料理。

食材若是直接接觸爐火，容易造成局部的燒焦以及部分受熱不均，會有各式各樣的壞處。

特別是海苔與紫蘇，直接放到火上轉瞬間便會焦掉無法做成美味的天婦羅來食用。

其實在油炸天婦羅的過程中，是應用了本組全部4則的發明原理來將加熱產生的副作用「無害化」。請一邊想像將海苔或是紫蘇做成天婦羅的狀況，一邊繼續往下閱讀。

在炸天婦羅時，首先ⓐ要將油倒入鍋中加熱。藉由液體的油作為仲介，有助於緩和與調整溫度。這是〈#24 仲介原理〉。

ⓑ在油溫的調整上，會將料理筷放入油中，確認筷子冒泡的情況，再對應調整爐火的強度。觀察冒泡的情形並據此調整火候乃是〈#23 回饋原理〉。

此外將原本無法目測的溫度，經由料理筷使空氣／水蒸氣的仲介而可以被看見，若是從這一點來判斷，答案也可以選〈#24 仲介原理〉。

ⓒ 將前述提到的海苔與紫蘇等食材裹上麵衣。海苔如果直接丟入180℃的油鍋中會馬上咻地緊縮變小，若是裹上麵衣，不僅可以防止海苔縮小，還比較不易焦掉，甚至味道也會更好。這是〈#24 仲介原理〉。

而在一直是以麵粉為主的麵衣中，加入美乃滋使其更加酥脆的秘方，是由於美乃滋在含有較多水分的食材、麵粉與炸油三者間扮演了完美仲介〈#24〉角色的結果。

雖說有油與麵衣作為仲介，但如果長時間處於高溫之下，遲早也是會焦掉。為了避免這樣的情況，ⓓ 短時間油炸後便馬上取出，是〈#21 快速作用原理〉。

另外，作為春天當季食材的楤芽與蜂斗菜，直接生吃會因其味道苦澀而難以下嚥。ⓔ 然而若是作成天婦羅，不僅可以去除澀味，苦味也會變成微苦、剛剛好的味道。這可以說是〈#22 轉禍為福原理〉。

ⓕ 接著是胡蘿蔔天婦羅。胡蘿蔔內富含的β胡蘿蔔素具有脂溶性，是不易溶於水但極容易溶於油的物質。利用像天婦羅這種含有許多油分的料理，便能充分地幫助人體吸收β胡蘿蔔素。此處也是以油作為仲介物〈#24〉發揮功用。

最後，在炸天婦羅的時候，炸油中麵衣的碎屑會慢慢增加。ⓖ 如果只有少量便只是垃圾，但在蒐集到一定的量之後，即可以當作「炸麵衣」加到烏龍麵中，或是作為大阪燒的配料。這是〈#22 轉禍為福原理〉。

最後請從「無害化」的4則原理中，選出你認為最實用的發明原理。
〈#　　　　　原理〉

最終理想結果（IUR）

前面介紹了「無害化」方法的4則發明原理。

實際上雖然有許多方法都僅止於「降低」有害作用，但大部分的人果然還是會期望能夠達到「無害」的狀態。

在TRIZ中就有一種，並非「降低」，而是以「無害」為目標，不顧成本與技術的限制，極力追求理想，稱作**「最終理想結果（Ideal Ultimate Result）」**的思考方法。

在設計、開發或企劃時，常會訂立出以「降低○○」為目標。然而若是滿足於此，大概是不太可能會構想出什麼創新的策略。

此時，用最終的理想結果來思考，是以**「零○○」**作為目標，而非「降低○○」。先前也有像是工廠等場所，並非以「減少垃圾」，而是以「零垃圾」為目標，進而提出了具有突破性的解決方案。另外，「降低價格」與「免費」由於必須採用完全不同的作法，構思的橫幅也會因此更加廣闊。

如此這般，採用最終理想結果，便能擺脫常會在不知不覺中陷入、由下而上的問題解決思考模式，並轉而從原本應有的解決方向，由上而下地去設想解決方案。問題解決的成果也會因此更具實益。

在行銷的世界中，常受到引用的名言：**「顧客要買的不是鑽頭，而是鑽頭鑽出來的洞」**也認為是與最終理想結果的理念一致。

與此相似的還有雲端世界。購買電腦的顧客，真正想要的並不是作為「商品」的電腦，而是電腦所擁有的運算能力與網路伺服器等「便利性」。

其他的例子還有像是洗衣精公司採用最終理想結果思考「洗衣精的未來」，達到過往從未出現的發想——「從一開始便不會髒的衣服」。

「從一開始便不會髒」是連維護系統的省力化都一併設想到的設計，這在設計上是一種重要的觀點。接下來便是要介紹有助於「省力化」的4則發明原理。

何謂雜草？就是其優點尚未被發現的植物。

拉爾夫‧沃爾多‧愛默生〔Ralph Waldo Emerson〕

在技巧類的最後要介紹的是作為第7組「省力化」的4則原理。

作為〈#25～#28〉關鍵字的「省力化」，其重點是減少損傷或消耗，以達到節省維修時間與精力的目的。

在系統完成後，要降低營運成本時，尤其能發揮功效。

能自我修復損傷與消耗的即是〈#25 自助原理〉，藉由替代避免自身消耗的是〈#26 代替原理〉，僅將會消耗的部分做拋棄式使用，而能一直保持全新狀態的是〈#27 拋棄式原理〉。而機械裝置利用電磁等不會產生物理性消耗的過程，取代過去會耗損的部分，此乃是〈#28 機械系統替代原理〉。

最後的〈#28 機械系統替代原理〉是最能提升、改進現況的發明原理，並且在許多被譽為「跨時代的發明」中也常能發現其應用。

40則發明原理中的技巧類〈#13～#28〉將在此告一個段落。〈#29〉之後會是在物質層面更細微、限縮適用對象的發明原理。

〈#25 自助原理〉
由2跟5作成的化學反應器，自動的（Self-service）排出反應物或廢物的樣子。

〈#26 代替（Copy、複製）原理〉其中的一個例子是「將訊息以數值來代替」，本標誌即為其中一例：

若想要表示有26張紙，
比起如實地畫出26張紙，

用寫出數字26來代替……

不僅更節省時間也更容易理解。

〈#27 拋棄式原理〉的代表性例子是免洗筷。

將數字2寫成直線狀便是……免洗筷！

此原理在不容易取得水的地方，
或人數眾多時便能派上用場。

〈#28 機械系統替代原理〉的第一步驟，就是像此標誌中8的部分一樣「分離相連接的部分」。

分離相連接的部分便會成為：

將分離的部分依序排列：

接著將所代表的二進位數字11100化為十進位即是16＋8＋4＋0＋0＝28。
藉由數位化達到「使相連的事物分離，但仍保留原有的機能」。

〈#25 自助原理〉正如其名，是「自己處理」的意思。其理想化是所有的動作皆能自動地進行，然而光是想像如何「進行自動清潔」，便已會湧現出多種的發想。

此標誌是呈現由2跟5構成的化學反應器，自動將廢物排出的樣子。

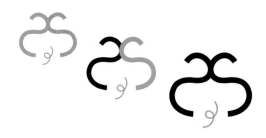

會議室在會議結束後，由**使用者自行恢復到原本的狀態**，讓下一位使用者也能愉悅的使用。「自助原理」也是採用與此相同的概念。

物質方面的例子則有「**光觸媒**」。在有紫外線的環境，光觸媒能將表面的髒污（主要是皮脂污垢）酸化進行分解，也就是能夠藉由**自動清潔（Self-cleaning）**達到省力的效果。

除了恢復原狀外，減少使用的資源也是自助原理的一種。具體的例子則可用智慧型手機等行動裝置會**自動進入休眠狀態**為例。

本原理與〈**#9 預先反作用原理**〉很適合互相搭配，在〈#9〉介紹的捲尺，放手便會回復原狀也是**自助原理**的一種。

此外，本原理與〈**#22 轉禍為福原理**〉的組合應用也相當有效，藉此能將自然產生，卻因未受注意而被丟棄的資源做妥善的利用，創造出具突破性的發明。

以**寢具**為例，寢具不用特別加裝發熱設備便能暖和身體，但由於太過於理所當然以至於時常會被忽略，然而像這樣藉由發明原理便能發現許多隱藏著的創意。

智慧型手機會自動進入休眠狀態，不需花費精力即能達到省電的功用。

有自動販賣機的話，就算沒有店員也能24小時隨時購物。

魚缸內放入足夠的水草即能自動的供給空氣。

難以架設電線的地區，利用太陽能發電能大幅地節省人力。

二氧化鈦受到光線照射會產生活性氧，而能進行自動清潔的作用。

預先設好支架，綠色植生牆便能自力向上成長。

應用自助原理，能使系統維持在良好的狀態，並由此產生連續性〈#20〉。又如在自動發電的情況下，由於不需要電線的配置，還能產生使系統簡化這種好的副作用。

關聯用語│ 原樣、自動的、自助○○、清潔、回收再利用、廢棄物、省力化、自動化、循環、生態系統、

具體實例│ 光觸媒、自動關閉、廢熱利用、自動販賣機、自動清潔、生物圈、計算機的太陽能電池、寢具、綠色植生牆、

代替原理

—— 代替

〈#26 代替原理〉又稱為複製原理。當原本的物品使用困難、價格較高或容易損壞的情況下，改用較單純便宜的複製品代替，能避免原物的損耗與減少花費，使用上也較為方便。

數字26用四角形圍起，並在右下方重疊相同的四角形，用數字「26」代替表示「有26張」。

以**影本**出示駕照與身分證，或許是最常見的〈**#26 代替原理**〉實例。

還有改用「照片」出示，例如餐廳會提供**附有照片的菜單**，或是**相親時用的照片**等也都是。〈**#26 代替原理**〉是在使用原物花費較高成本和勞力時，能夠派上用場的原理。

除此之外，也有僅利用物品特徵值來代替的作法。如軟糖或糖果等體積較小的甜食，通常不是用「內有○個」，而是以「總重△△g」來表示，這是由於比起計算個數，用測量重量的方法會比較簡單的緣故，因此以**重量代替個數**。

直接測量會相當有難度的山岳高度，依照與山的距離和角度改用三角測量即可測出，這也是應用〈**#26 代替原理**〉達成的省力化。

此外也有反覆多次替代的情形。**漢字**就是原本用圖畫表現（代替）事物的方式被象形文字取代後，又創造出來代替象形文字的發明。「**文字**」、「**詞彙**」以及「**語言結構**」追根究柢也都可以說是用來代替現實的產物。

看清「要達成目的所要求最低限度的特徵」，而「只複製該部分」的作法，能夠防止該部分或含有該部分的整體系統受到消耗或磨損，是對於要達成免維修（maintenance-free）非常有效的方法。

建築物本體無法直接被複製，因此以藍圖和數值來代替進行計畫的擬定。

要把實物帶回家會有困難時，改用照相代替。

無法直接見面時，可以改用寄送電報或花束作為心意的替代品。

媽媽感謝您

難以計算個數時，可用重量代替。如果製作糖果時要算出所需砂糖的顆粒數，恐怕將永遠也做不完。

給小孩子玩替代實物的幼兒用玩具，就算壞了也沒關係。

要一一檢查嬰兒的身體狀況會很困難，因此會先用體溫的測量代替。

多留意的話，會發現代替原理無所不在。尤其是在寫程式的設計模式中，常可觀察到代替原理與仲介原理的應用（Proxy Pattern代理模式、Facade Pattern外觀模式等）。

關聯用語│複印、投影、虛線、特徵值、ID、代理、代行、數值、尺寸、詞彙、篩選、模仿、測量、測距、插圖、變形、

具體實例│照片、鏡子、地圖、26張紙、漢字、以下皆同、代理伺服器、體溫測量、模仿實物的玩具、量測到其他星球的距離、花語、

拋棄式原理
—— 免洗筷

〈#27 拋棄式原理〉是犧牲某些特性，將高價的物品置換成數量眾多的低價物（如紙張），以減少維修手續與能源消耗的發明原理。特別是在只有一時需要或是有衛生考量的時候最能發揮功用。

此原理是指「消耗、磨損或耗損頻繁的部位，不採用高價耐用的零件，而採用廉價**可拋棄式**的零件或設計」。

以生活中常見的自行車**煞車皮**為例。煞車裝置在結構上無論如何都會磨損。比起使用不易磨損的高價材質，不如採用磨損後可更換零件的設計，既便宜又安全。

運送商品時也是相同的道理，與其只為了承受運輸過程而加強商品本身的強度，不如在運送的過程中，使用瓦楞紙箱或保麗龍等**可丟棄的包裝材料**，較能大幅地節省成本。

除了消耗品外，在特別注重衛生的地方也常能見到〈**#27 拋棄式原理**〉的應用。在醫療場所使用的注射針或檢查工具組，

以及餐廳用的手套等。用過即丟乍看之下會覺得很浪費，然而相較於完全去除污染所須使用的能源，僅將受污染處做拋棄式的處理，不只能達到省力化還可以節省能源。

在材料成本及維修費用較高之處，大膽設想是否可以用紙製品代替，或許能創造出如**紙尿褲**或**瓦楞紙箱**般的新商機。

2與7組合成免洗筷的樣子。2作為免洗筷套的開口，7則是筷子，最後再畫出左邊的筷套。

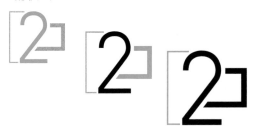

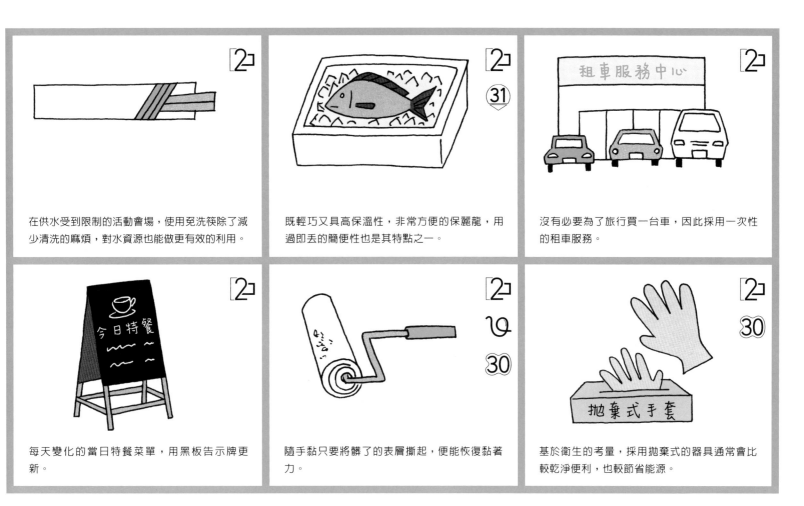

在供水受到限制的活動會場，使用免洗筷除了減少清洗的麻煩，對水資源也能做更有效的利用。

既輕巧又具高保溫性，非常方便的保麗龍，用過即丟的簡便性也是其特點之一。

沒有必要為了旅行買一台車，因此採用一次性的租車服務。

每天變化的當日特餐菜單，用黑板告示牌更新。

隨手黏只要將髒了的表層撕起，便能恢復黏著力。

基於衛生的考量，採用拋棄式的器具通常會比較乾淨便利，也較節省能源。

拋棄式或許會讓人覺得觀感不佳，但如果只在消耗部位採用拋棄式，有時候反而更能提升效率。把盤子包上保鮮膜，能省去清洗的麻煩，而利用薄膜〈#30〉，還能減少丟棄量。

關聯用語| 丟棄式、紙製、塑膠製、保麗龍製、廉價版本、臨時用品、出租物、傳單、翻起、薄膜、立即消除、

具體實例| 衛生紙、紙杯、衛生手套、紙尿褲、貓砂、出租車、廣告立牌、即可拍、冰、消散式噴霧、

機械系統替代原理

—— 機代

〈#28 機械系統替代原理〉的機械替代是指在很多的情況中,將「系統中原本實施的物理性作用,改以電磁波進行」。藉由電磁波此種新的機制,減少磨損與降低維修成本。

Z8

28轉換成二進位會是11100。此發明原理標誌即是用11100組合成數字28。

11100 Z8 Z8

那麼就從手錶的**機械系統替代〈#28〉**過程來觀察吧!

　　早期的手錶,是將渦形彈簧捲起的力,傳遞給各種大小的齒輪與零件以顯示出時間的推進。但是此種作法,會因為零件之間的接觸,無可避免地產生磨損的情況。

　　因此利用稱為石英的水晶,藉由其振動頻率取代原有的機械構造,使手錶能在不發生磨損的狀態下運作。

本原理與〈#26 代替原理〉雖有許多重疊之處,但是利用下述3個要點即可加以區別。

　　· 是否有複製的情況?
　　· 是否有將主體保留?
　　· 受到簡化的是物體?還是過程?

〈#26 代替原理〉正如同其別名 —— 複製原理,是只複製必要的部分,而主體維持原有的狀態。

　　然而另一方面,〈**#28 機械系統替代原理**〉則是將「主體」的必要性加以「替代」,替代前的「主體」不復存在。

　　此外相對於〈**#26 代替原理**〉多是取代作為過程構成要素的「物件」,〈**#28 機械系統替代原理**〉則大部分是將系統中的「過程」進行替代的一種原理。

雷射切割機、磁浮列車、數位相機等,都是將機械性的裝置,利用電磁波或是數位系統取代,達到延長系統使用壽命的效果。

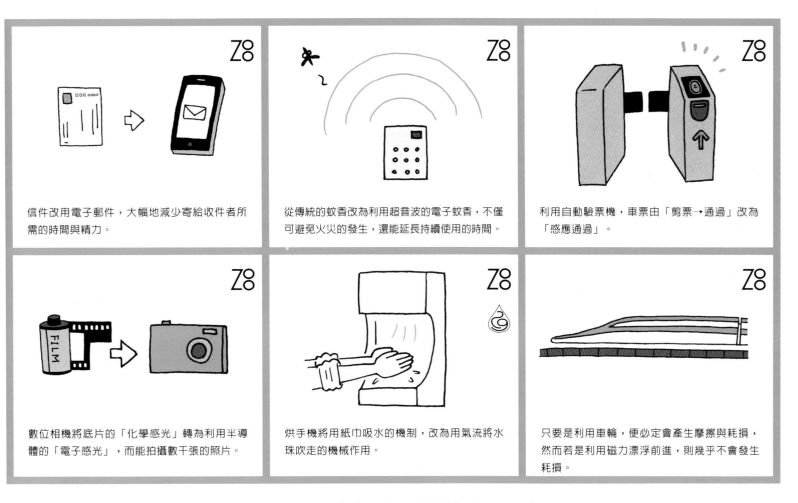

信件改用電子郵件，大幅地減少寄給收件者所需的時間與精力。

從傳統的蚊香改為利用超音波的電子蚊香，不僅可避免火災的發生，還能延長持續使用的時間。

利用自動驗票機，車票由「剪票→通過」改為「感應通過」。

數位相機將底片的「化學感光」轉為利用半導體的「電子感光」，而能拍攝數千張的照片。

烘手機將用紙巾吸水的機制，改為用氣流將水珠吹走的機械作用。

只要是利用車輪，便必定會產生摩擦與耗損，然而若是利用磁力漂浮前進，則幾乎不會發生耗損。

將原先依靠物質之間相互作用的機構，置換成電磁性或是利用流體的機構〈#29〉以實現機械系統的替代。

關聯用語｜ 數位化、利用電磁波、無線化、機能、機構、革新、不接觸、漂浮、利用空氣的力、利用磁力、電磁鐵、

具體實例｜ 數位相機、雷射筆、磁浮列車、烘手機、電子郵件、IC卡、條碼、

觀察發明原理「省力化」4則原理

▸▸▸ 廁所

先前便已從巧思的藏寶庫——廁所中，找出了「事前」的4則原理，此次則來探尋「省力化」的4則原理吧！

這次要從使用完畢的廁所開始觀察。

首先，廁所的衛生紙完全就是〈**#27 拋棄式原理**〉的絕妙實踐。若是未應用此原理，而是用布或其他物品擦拭後再洗淨重複使用……恐怕大家都會希望能避而遠之吧。

另外，免治馬桶使用的水更是由於價格低廉，而能做拋棄性使用的資源。

壓下沖水把手，便會有水流出將馬桶洗淨，此一行為顯然是〈**#25 自助原理**〉。

由於也有利用馬桶的沖水聲來掩蓋住如廁聲音的情形，因此最近也出現了一種專門產生流水聲的裝置，這是〈**#26 代替原理**〉的一種。

更進一步地，現在甚至有不必按壓沖水把手，只要揮手感應便會流出水的裝置。要洗手時也是，手伸出來即會有水流出，將扭轉把手或水龍頭的機械性操作置換為電磁的感應裝置，是〈**#28 機械系統替代原理**〉。

除了理所當然地減少了摩擦外，也更衛生。

洗過手後用紙巾擦手是〈**#27 拋棄式原理**〉。而最近很常見，利用氣流將水珠吹走的「烘手機」，則是應用〈**#28 機械系統替代原理**〉達到紙類零消耗的偉大發明。

另外，在沒有廁所的地方，也會有內急的需求。例如在山中露營時挖洞，或是道路阻塞時能派上用場的攜帶式廁所等。這些就是從廁所的各種機能中，僅取出必要的部分，因此是〈**#26 代替原理**〉。而攜帶式廁所也結合了〈**#27 拋棄式原理**〉的應用。

雖然是傳聞，但聽說在過去學生運動盛行、學生占據大學的一隅時，活動能在該處維持多久，並不是取決於食物的多寡，而是決定於占據的範圍內是否有廁所。

在舉辦大型活動或災害發生時的避難所，廁所也都是重要的考量點。

對於包含人類在內的生態系統維持上，廁所是不可欠缺的重要存在，除了省力化外，亦蘊含有許多能幫助維持系統的啟發。

觀察發明原理
「省力化」
4則原理

▸▸▸ 相機

現在要介紹的是曾在〈**#26 代替原理**〉中作為具體實例登場，實現「用照片取代現實」的相機。

此處即是將該相機從「省力化」的觀點去觀察、探討其他的發明原理。

相機最普遍的應用是對自然景物或人物的拍攝（＝紀錄）。相機的構造，是將被攝物所反射的光投射到底片上，自動地重現影像，是〈**#25 自助原理**〉的實行。

而結合相紙與顯影劑的拍立得底片，更是自動地將顯影此種後續的步驟也一併完成，是相當極致的一種自助。

昔日的相機既笨重又容易損壞，帶著去旅行會吃上不少苦頭。

就在那時，將外殼改用紙或塑膠等較輕巧便宜的材質製成，讓旅行時也能方便使用的，是以「即可拍」為代表的拋棄式相機。

利用一捲底片便使相機可作拋棄式的使用，是再貼切也不過的〈**#27 拋棄式原理**〉實例。

而現今，從使用底片的銀鹽相機，轉為利用影像感測器進行機械性替代的數位相機已蔚為主流。

數位相機由於是用電子的變化來記錄，因此大量地減少了物質性的消耗。

自從數位相機推出後，在孩子的運動會、發表會，或是旅行途中，一天拍攝一百張以上的相片也不稀奇。這是因為與過去的銀鹽相機相比，平均拍攝一張照片的成本已大幅下降的緣故。

如此這般，〈**#28 機械系統替代原理**〉與許多創新的發明息息相關，是相當強而有力的發明原理。

當發現利用電子結構、電磁鐵或電磁波的機械構造時，先探究找出在沒有電的時代是如何達成該構造的實踐，或許能成為解決問題的啟發。

「省力化」4則原理 ▶▶▶ 智慧型手機

(a) 智慧型手機的功能會自動更新
➡ 〔發明原理　　　　　〕（提示：自動地）

(b) 拍攝的照片能藉由縮圖一目了然
➡ 〔發明原理　　　　　〕（提示：能縮小尺寸預　）

(c) 能共享作成相簿的URL
➡ 〔發明原理　　　　　〕（提示：無需傳送影像檔案）

(d) 擁有語音輸入功能
➡ 〔發明原理　　　　　〕（提示：可以不用鍵盤輸入）

(e) 購買時表面貼有保護膜
➡ 〔發明原理　　　　　〕（提示：在開始使用後保護膜會？）

以能與數位相機相提並論的偉大發明——智慧型手機為主題，來進行本次的發明原理實作練習吧！

首先，為了要能更便利地使用智慧型手機，(a)需時時更新已安裝的軟體。話雖如此，但現在大部分軟體都會自動地執行更新，因此毫無疑問的是〈**#25 自助原理**〉。

在挑選以智慧型手機所拍下的照片時，不需一張一張的點開確認，(b)使用縮圖代替〈**#26**〉便能一目了然。

另外，想要與人分享動畫或多張靜態相片時，不直接將檔案附加於電子郵件中，(c)而是上傳至Web上，再將URL傳送給對方的是〈**#26 代替原理**〉。

提到智慧型手機的輸入方法，有按鍵輸入與觸控輸入，然而由於此兩者都是機械性的接觸，因此會產生物理性的磨損，甚至還會有皮脂等污垢附著的問題。有鑒於上述情形，(d)現在也漸漸地出現了語音輸入的方式，是極佳的〈**#28 機械系統替代原理**〉。

　而為了要保護觸控面板，(e)在購買時的新機上都會貼有保護膜。與其加強觸控面板本身的強度，利用拋棄式的保護膜成本更低廉，這是〈**#27 拋棄式原理**〉的應用實例。

先找出生活周遭的發明原理，將有助於日後的參考。智慧型手機可說是最貼近日常生活的工具，因此請務必嘗試找出其所蘊藏的其他發明原理。

那麼最後也請從「省力化」的4則原理中，選出你認為最實用的1則原理。

〈**#　　　　原理**〉

更多TRIZ：
縮減與資源的發現

在此我們已習得了能幫助達成「省力化」的發明原理〈#25～#28〉。

而其中，果然還是**機械系統的替代〈#28〉**最為有效。畢竟此一原理乃是將需維修之標的物從根本去除的緣故。

其實「省力化」是同時具有「節省維修」與「節省成本」兩個涵義。

要達到「節省成本」時，大多都會以「減少零件的數量」為目標。零件的數量如能減少，不僅能節省零件支出的花費，為了採購該零件所耗費的時間成本也會削減。

此「零件削減」，再加上更抽象的「要素削減」則合稱為「縮減（Trimming）」，而為了要幫助使用者能熟練地運用此一技能，TRIZ準備了下述的問題。

針對作為縮減對象的零件，依序檢討：

a. 該零組件所提供之功能是必要的嗎？

b. 周圍的零件能否達到同一功能？

c. 既存的資源是否有發揮功能？

d. 是否有較低成本的替代品？

e. 是否有改變的必要？

f. 是否能與相鄰的零件，用同一種材料做結合？

g. 該零件的構造是否易於拆解？

而另外還有一個同樣具有高效能被稱作**「資源的發現」**工具。

此一工具，在現行的系統中稱作**9宮格法**或**產品分析法**，藉由紀錄並分析要素的集合以及相互作用來觀察系統，也就是從系統的構成要素中發現「功能」的一種工具。

此時應用發明原理將該功能「抽象化」更能發揮事半功倍的效果。

接下來要介紹屬於「變材」的發明原理〈#29～#33、#40〉，即是藉著將構成系統或是構成系統要素的材料抽象化，而增加發現嶄新功能的可能性，與過往的發明原理相比，能給予更「直接的」啟發。

例如流體化、薄膜化、多孔介質化等，藉由「不改變材料的元素或分子，僅改變其特性（＝獲得新的資源）」以直接解決問題。

那麼就讓我們繼續前進至物質類的發明原理吧！

開物成務。

《易經》

物質類

～具體性強，能立即發揮功效的發明原理～

物質類

在介紹了構想類（3組）與技巧類（4組）後，發明原理也終於要進入最後物質類中的「變材」與「相變」2組了。

自〈#1 分割原理〉至〈#28 機械系統替代原理〉，隨著發明原理的號碼逐漸增加，內容也從抽象的概念轉移至具體的方法。

而自〈#29〉開始的物質類發明原理，則是又更加具體、細分化的發明原理。

平時的工作若是常會處理到有關具體性物質的問題，應該會覺得有不少能直接派上用場的發明原理，然而若是不太常接觸到物質問題的情況，除了〈#32 變色原理〉外，或許會認為要應用其他的發明原理會有相當的難度。

先重點式地記住〈#1～#28〉的原理，習慣了藉由發明原將技術抽象化後，再來記憶物質類的發明原理會較為容易。

而在此之前的組別都是每4則發明原理依序成為一組，但是在物質類，每1組即含有6則發明原理。

　　探究其原因，除了是由於各原理所涵蓋的範圍，在此之前都較為狹隘外，還有因為40則發明原理其實並非是分成10組，而是分成9組的緣故（理由將在第186頁介紹的「發明原理標誌 on 9宮格法」中敘明）。

另外，或許會有讀者對〈#40 複合材料原理〉並未依序介紹，感到有些突兀。

　　這是由於本書是採利用組別名稱幫助讀者記憶各發明原理間關聯的作法，因此儘管跳脫了一般依序的排列，將

・〈#29～#33〉及〈#40〉同是材料形態直接做改變的「變材」發明原理與

・〈#34～#39〉同是操控物質狀態（相）或周遭環境的「相變」發明原理，

　　每6則一組分類並命名，會更加條理清晰。

那麼接下來便依「變材」、「相變」的順序來介紹吧！

物質類
第8組

變材

物質類第8組（〈#29~#33〉以及〈#40〉）是「變材」組。

是為了要解決系統所面對的矛盾衝突，將構成系統的材料，藉由轉變為具有雙面性的形態，以求解決問題的發明原理們。

此6則原理分別為：〈#29 流體作用原理〉將材料改為具有就密度而言較接近固體，但就柔軟度而言較接近氣體等特性的液體；〈#30 薄膜利用原理〉將材料改採用兼具重量輕、面積大兩種性質的薄膜；〈#31 多孔介質原理〉以體積小重量輕但表面積大的多孔介質作為材料；〈#32 變色原理〉使相同材料變為不同

顏色；〈#33 同質性原理〉不同的零件改用相同的材質、材料；〈#40 複合材料原理〉蒐集數個材料集合成一個材料。

由於僅利用材料本身便得以解決矛盾或衝突，因此在生活周遭很容易就能發現其具體實例，是能輕易發現發明原理的一組。

其中發明原理〈#29、#30、#31〉具有的共通點，也就是將材料改變為具體積小、表面積大特性的形態。

而具備此3則原理的特徵，事先學起來會很實用的具體實例則是「泡沫」。泡沫是擁有流體性質〈#29 流體作用原理〉的薄膜〈#30 薄膜利用原理〉，且其構造幾乎都是空隙〈#31 多孔介質原理〉。

按下會擠出泡沫的沐浴乳，只需少許的量便能確實地洗淨身體。另外，由於保溫效果好而廣泛受到利用的保麗龍箱也是將塑膠原料以氣泡狀的形態做成固體。

而具有發明原理〈#32、#33、#40〉所有特徵的常見發明則是「筆記本」。為了要讓書寫的文字能夠整齊一致，筆記本中會畫有與筆記紙顏色不同的

格線〈#32 變色原理〉。並且，筆記本的封面與內頁，通常也多是都以紙張為材料〈#33 同質性原理〉，因此可將整本筆記本作為紙張直接回收。

又由於是將20張的紙裝訂為40頁的筆記本，因此不論是隨身攜帶或是翻看回顧都很方便，是〈#40 複合材料原理〉的應用。

如果筆記紙沒有裝訂，直接帶著有六堂課份量的120張紙去上課，要從中找出對應各堂課的筆記恐怕得費上一番工夫。

流體作用原理

—— 流體

〈#29 流體作用原理〉是將固體無法做到的事，利用液體所特有的柔軟性、滲透性、平衡性、靈活性等各種特性，解決權衡問題的發明原理。另外，也有利用氣體（多為高壓氣體）的情形。

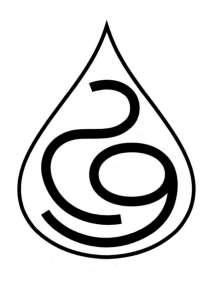

以水滴來表示生活中最常見的流體——水，並在其中納入柔軟的數字29。

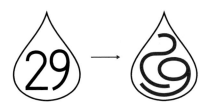

輪胎雖說是將早已存在於世上的東西，再加以改良而成的，卻仍被視為是有劃時代意義的重大發明，其重要性不言而喻。

最早的車輪是用木頭與金屬等固體製作而成，以達到足以承載人和貨物重量的堅固程度。但是，因為堅硬的車輪並無法吸收路面的凹凸不平，所以搭乘起來並不舒適。簡言之，便是在追求堅固程度與吸收路面凹凸間產生了矛盾的需求。

在這種情況下，在鐵製的車輪上纏繞橡膠雖然也能達到效果，但現行的橡膠輪胎是藉由在其中灌入高壓的空氣流體，漂亮地解決了「堅固程度」與「吸收衝擊」的矛盾。

作為機油的代表，用於機械上的潤滑油也是應用〈**#29 流體作用原理**〉的具體實

例，使機械能快速地運作同時降低摩擦。

而即使是固體，若是像沙粒般細小的顆粒狀，也能當作流體來應用。如果是沙子的大小，便能以流體作用採噴射的方式堆積。實際上，以色列在蘇伊士運河河岸用砂築起的堤防，更曾長期地阻擋了埃及軍隊渡河。

然而，最後擊敗該堤防的也是流體。埃及軍隊利用運河的水，在短時間內便擊潰砂堤成功渡河，取得第四次中東戰爭的勝利。是一段會讓人聯想到維克多·雨果的名言：「順勢而生的想法，勝過迫在眉睫的軍隊」的小插曲。

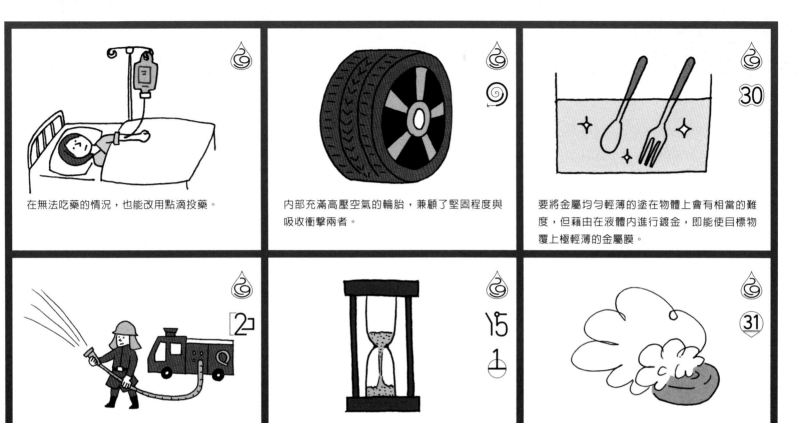

在無法吃藥的情況，也能改用點滴投藥。

內部充滿高壓空氣的輪胎，兼顧了堅固程度與吸收衝擊兩者。

要將金屬均勻輕薄的塗在物體上會有相當的難度，但藉由在液體內進行鍍金，即能使目標物覆上極輕薄的金屬膜。

水是流體，施加壓力即能噴射到極遠處。此外，水也是使溫度下降最經濟的方法。

沙漏的沙粒雖是固體，但若分割成極小的顆粒狀，也能顯現流體的性質。

肥皂起泡而使表面積瞬間變大。泡沫由於既是流體又是薄膜和多孔介質的緣故，能適用於多種情況。

對流體（氣體、液體）施加壓力，會改變流體的形狀或有反作用力的發生〈#9〉。而固體若分割〈#1〉成粒狀、粉末狀也能產生可變性〈#15〉，如枕頭的內容物能夠適應頭形即為一例。而在提取有效成分〈#2〉時也能應用到此一原理。

■關聯用語｜ 水溶液、乳霜、溶劑、平衡性、毛細現象、彈性、粉末、粒狀、提取、表面張力、氣壓、水壓、高壓、泡沫、

■具體實例｜ 潤滑油、水床、烘手機、洗髮精、砂漏、枕頭、泡茶、鍍金、潔顏慕絲、

薄膜利用原理

—— 薄膜

Flexible shells and thin films

〈#30 薄膜利用原理〉另有一別名為「利用軟殼與薄膜原理」。利用薄膜覆蓋住物體，使內側和外側分離，或藉由薄膜使外型變圓、變厚以解決問題。

此發明原理標誌是在30的周圍圈上一層薄膜作為外殼。

藉由**薄膜**覆蓋以解決問題的實例隨處可見。

例如汽車**塗裝**。除了上色外，還有防止鐵製汽車生鏽的功用。此外，近期也出現了像**防水外套**般，利用一層層添加薄膜達到防水的效果。

薄膜之所以好用，是由於薄膜的厚度極薄，就整體而言「雖然有面積的存在，但體積卻是近乎於零」，因此可以解決面積與體積的矛盾。

而「變材」組的特徵，即是能解決系統因使用對立材料而生的矛盾問題。

本原理的應用方式並不僅限於薄膜包覆，薄膜利用原理的另一個作法，是可以利用薄膜建立三次元結構。

如**法式千層酥**與**年輪蛋糕**等由薄膜堆疊而成的甜食即是。另外，最近備受注目的**3D列印**也是一例。

還有可以說是電池原型的**伏打電堆**與**燃料電池**，將不同性質的薄膜重疊，在有限的體積中，確保了大範圍的表面積。

如此這般，在必須「**於有限的體積、重量中，取得龐大表面積**」時，即可以考量薄膜的應用。然而，若是在相同的條件下，想要採用不同於薄膜的材料時，則可以考慮「多孔介質」，也就是接下來將要介紹的發明原理〈**#31**〉。

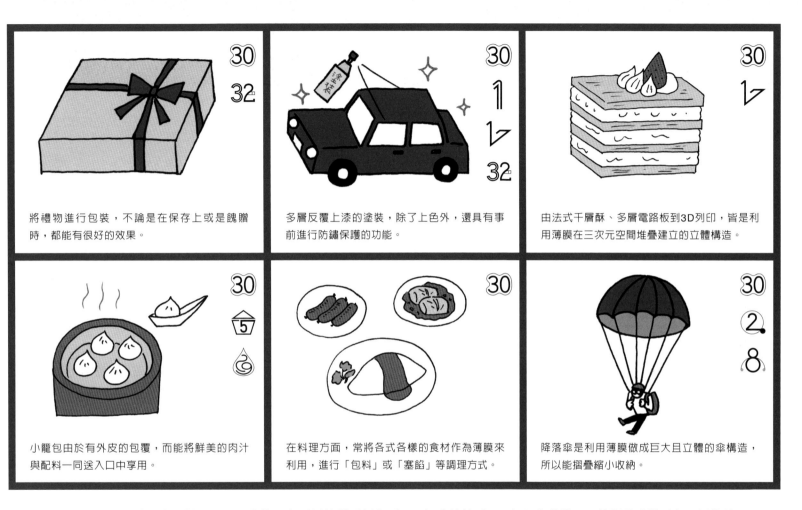

將禮物進行包裝，不論是在保存上或是餽贈時，都能有很好的效果。

多層反覆上漆的塗裝，除了上色外，還具有事前進行防鏽保護的功能。

由法式千層酥、多層電路板到3D列印，皆是利用薄膜在三次元空間堆疊建立的立體構造。

小籠包由於有外皮的包覆，而能將鮮美的肉汁與配料一同送入口中享用。

在料理方面，常將各式各樣的食材作為薄膜來利用，進行「包料」或「塞餡」等調理方式。

降落傘是利用薄膜做成巨大且立體的傘構造，所以能摺疊縮小收納。

　利用薄膜包覆時，由於採用了與內容物具有不同性質（顏色〈#32〉或特性〈#35〉）的薄膜，而能期待獲得更多一層的效果。
　並且，由於薄膜具有篩選液體中特定物質通過〈#2〉的性質，因此在產業界也相當廣泛地受到應用。

關聯用語| 保護膜、層狀構造、殼、有面積需求、無體積、包覆、填塞、包裝、過濾、透析、積層、

具體實例| 汽車塗裝、保鮮膜、果皮、細胞膜、料理、多層電路板、半導體的製造流程、分離膜、

多孔介質原理

—— 多孔

〈#31 多孔介質原理〉正如其名，是「利用具有多孔的物質解決問題」的發明原理，在沒有孔洞的物件上開孔、增加孔數或添加多孔介質物等皆是。而使孔洞成為有用的物質或擁有功能也是其效果之一。

此標誌是以由多孔介質所組成的冰淇淋為模型繪製而成。

多孔介質雖然不是常見的名詞，但從**海綿**上肉眼即能看見的洞，到**活性碳**上極微小無法目測的小孔，我們的生活中隨處都有孔洞的存在。

海綿，對我們而言是無法穿過的固體，但對水而言卻是能輕鬆流過的物體。

　簡言之，海綿具有固體無法通過，但液體卻可以通過的矛盾性質。

在矛盾矩陣中，當面臨「想要加大尺寸，但不希望增加重量」的矛盾條件時，也是建議適用〈**#31 多孔介質原理**〉。在迷你四驅車和零式艦上戰鬥機上開孔減輕重量也是一例。

發明原理標誌上所採用的**冰淇淋**，由於內含有**氣泡**，而讓原為固體的冰，食用起來卻有柔軟滑順的感覺，並且，拿在手上的冰淇淋甜筒，也因為是多孔介質而能兼具**輕巧性**與**隔熱性**。

化學反應雖然只會在物質的表面作用，但藉由極微小的孔洞，而能使本來不大的體積擁有較大的表面積。因此，汽車的**催化轉換器**、與**淨水器**等也都有採用像活性碳般的多孔介質。

如上述，將物體作為多孔介質，除了相同的原料卻能獲得更多樣的特性外，成為多孔介質的部位也能因此成為有用的部分，是〈**#31 多孔介質原理**〉令人讚嘆之處。

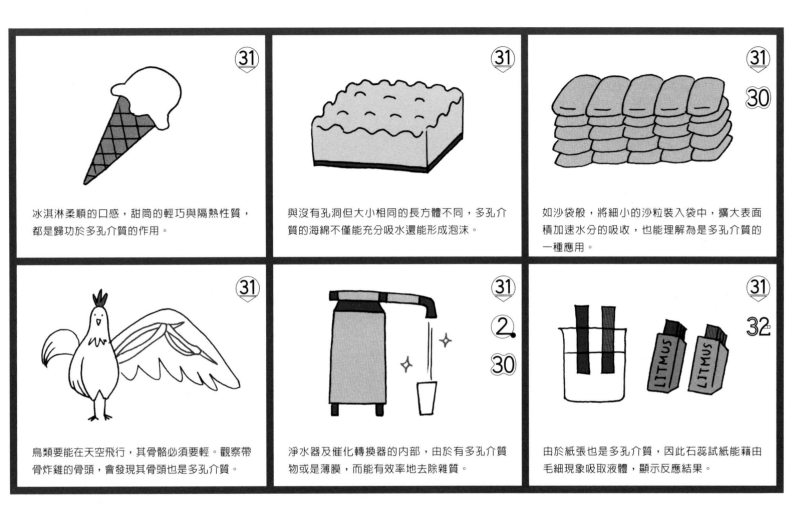

㉛ 冰淇淋柔順的口感，甜筒的輕巧與隔熱性質，都是歸功於多孔介質的作用。

㉛ 與沒有孔洞但大小相同的長方體不同，多孔介質的海綿不僅能充分吸水還能形成泡沫。

㉛ ㉚ 如沙袋般，將細小的沙粒裝入袋中，擴大表面積加速水分的吸收，也能理解為是多孔介質的一種應用。

㉛ 鳥類要能在天空飛行，其骨骼必須要輕。觀察帶骨炸雞的骨頭，會發現其骨頭也是多孔介質。

㉛ ②㉚ 淨水器及催化轉換器的內部，由於有多孔介質物或是薄膜，而能有效率地去除雜質。

㉛ ㉜ 由於紙張也是多孔介質，因此石蕊試紙能藉由毛細現象吸取液體，顯示反應結果。

〈#31 多孔介質原理〉是能與容易進入孔洞內的物質（尤其是氣體）反應，產生絕佳效果的原理。特別是在催化轉換器要淨化廢氣時，對於乘載催化劑的媒介物來說相當有用。

關聯用語｜孔、間隙、空氣通過、含有空氣、表面積、觸媒、布、吸附、紙張、氣泡、顆粒、輕、柔軟、保溫性、吸收性、毛細現象、

具體實例｜海綿、冰淇淋、活性碳、泡麵、蛋殼、保麗龍、骨骼、淨水器、吸油面紙、高分子吸收體、

32

本標誌是由呈透明樣式的3與貼有標籤的2組合而成。

32 3的數字中間挖空表示透明的樣子

32 貼有標籤的2

32 兩個數字合體

〈#32 變色原理〉正如其名，是不改變材料，僅改變顏色，藉由提升能見度與可識別性來加以解決問題的方法。相同的材料不同的外觀，主要是有助於節省時間。包含透明化、發光與作記號等都是其原理的應用。

「重要的事項畫紅線」或是「用紅、藍、黃色作顏色區分」等方法，一般皆很常見。除了改變顏色外，畫線、做記號、貼標籤（**Mark up**）等行為也都是〈#32 變色原理〉的一種。

藉由添加會隨溫度改變顏色的氯化鈷，使除濕劑中矽膠的吸濕能力「可視化」。照射到紫外線會發光也是此原理的應用。

在可視化中特別有效的是「透明化」。

例如像是電熱水壺的水量計、原子筆的筆管，以及機場安檢利用X光透明化的X光掃瞄，都是〈#32 變色原理〉的實例。

而將本發明原理標誌的3中間留白，亦是為了強調此「透明化」的概念。

此外，醫院的正子斷層掃瞄（PET）則是使患者服用會發出放射線的藥劑（放射性同位素），使需要檢查的部分事先「可視化」。

實際上，使發明原理「標誌化」也是一種〈#32 變色原理〉。「在發現發明原理的應用時，畫下發明原理標誌幫助記憶」，此種我平時便在實行（同時希望各位讀者也能實行）的作法，也是一種做標記（Mark up），亦即〈#32 變色原理〉。

更進一步而言，最近流行的「萌○○」或「○○娘」等擬人化用語，也是一種可視化，因此或許也能說是〈#32 變色原理〉的一種（！）參考上述這些〈#32 變色原理〉的應用，試著發想出各種不同的可視化吧！

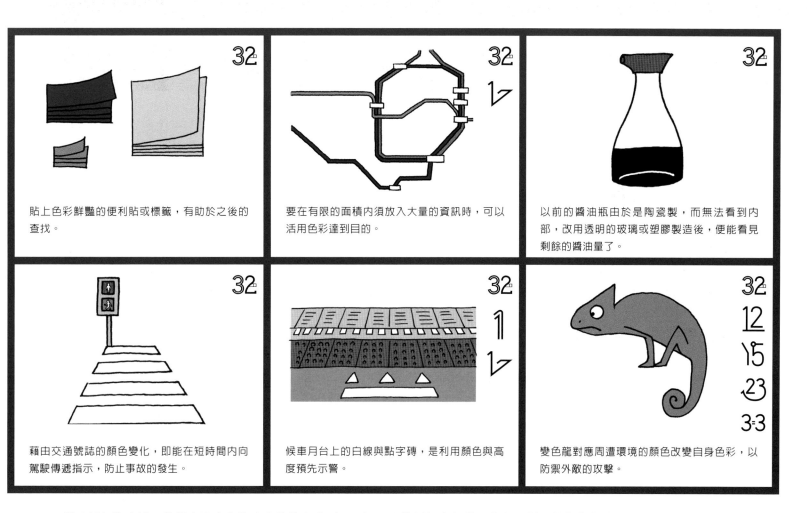

貼上色彩鮮豔的便利貼或標籤，有助於之後的查找。

要在有限的面積內須放入大量的資訊時，可以活用色彩達到目的。

以前的醬油瓶由於是陶瓷製，而無法看到內部，改用透明的玻璃或塑膠製造後，便能看見剩餘的醬油量了。

藉由交通號誌的顏色變化，即能在短時間內向駕駛傳遞指示，防止事故的發生。

候車月台上的白線與點字磚，是利用顏色與高度預先示警。

變色龍對應周遭環境的顏色改變自身色彩，以防禦外敵的攻擊。

利用顏色的改變，能提高注意力防止事故的發生〈#11〉，並能增加資訊的吸收量，幫助往後作業的進行〈#10〉。

關聯用語| 顏色區分、貼標籤、可視化、透明化、透過、X光、標識化、擬人化、判定、區別、警告、告知、標記、標誌、螢光、發光、

具體實例| 白線、螢光筆、HTML、計量表、X光掃瞄、電車路線圖、變色矽膠、石蕊試紙、信號燈、

同質性原理
—— 同質

〈#33 同質性原理〉是將相鄰的零件，嘗試替換為相同的材料或材質。由於使用相同的材料，雖是複數的零件也能成為像是宛如一體的單一個零件，並擁有雙重的性質。

3=3

用表示3與3是「相等（＝ 同質）」的等號連結，成為本發明原理標誌。

$$3 = 3$$

3=3

正如不同的金屬相接能成為電池般，不同性質的物品相連結，將有可能會產生某些作用。

當系統無法順利運作時，將無特殊意圖卻採用不同材質的相鄰部位，改以**同質性的材料替換**往往便能解決問題，此即是〈#33 同質性原理〉（亦能視為是〈#12 等位性原理〉的具體實例）。

歷史上也有不少實例能使人切實感受到同質性的效果。像是由木頭和木頭建成的建築物，以及由木頭和鐵組合建成的建築物，哪一個較能經得住長期的季節變化呢？

能回答此一問題的是幾乎皆由木材所建成的日本**法隆寺**，由於熱度與溼度對建築物整體的影響是相同的，因此能撐過漫長的歲月而屹立不搖。

其他還有巧妙地利用〈**#33 同質性原理**〉以有效去除標價或貼紙殘膠的作法。

在撕下標價時，偶而會發生仍有黏膠殘留的情況，此時，利用標價貼紙帶有黏膠的那一面反覆貼壓於殘膠上，便能使之剝落。此種能乾淨去除殘膠的作法，正是善用了同質性物品較能相融合的特性。

又如在第143頁介紹過的縮減，使相鄰的零件同質化也有助於零件數量的削減。

法隆寺等古老的木造建築，是用木材與木材相接建立而成。

冰咖啡在冰塊溶化後味道無可避免地會變淡，但如果加入的是同樣用咖啡做成的冰塊，就不會有味道變淡的問題。

有刺鐵絲，由於鐵絲和刺的部分都採用相同材質，膨脹係數相同，因此不易鬆開。

由於水母體內的組成和水幾乎相同，因此只需要少量的能量即能生存。

蛋糕上的生日祝詞是用巧克力寫在巧克力片上，不僅方便書寫，還能直接吃下肚。

同質的皮膚，不論如何拉扯都不容易破裂。

由於重視同質性、不作區分，能夠降低往後包含回收〈#22〉在內的產品生命週期總成本。此外，藉由同質化，能預期將來周圍的變化與發展的潛力將會相等〈#12〉。

關聯用語| 相同材料、相同材質、等位、差異小、均等、結晶、

具體實例| 法隆寺、銲料、巧克力、紙容器＋紙湯匙、冰咖啡製成的冰塊、

複合材料原理

—— 複合

Composite materials

〈#40 複合材料原理〉，一言以蔽之，就是與上一則〈#33 同質性原理〉相反，將原本採用相同材料的物品，改用由數種材料合成的複合材料做替換的一項發明原理。

在40的0中，有像是多種電纜綑成一束的樣子，又或可看作是以海苔壽司內餡料的樣子為發想，在其中描繪類似四葉草的圖案。

〈#40 複合材料原理〉的代表案例是**鋼筋混凝土**。可塑性強的混凝土與延展性佳的鐵在複合之後，成為兩種特性兼具的材料。

另一方面，由於其外觀看起來只是一般的混凝土，因此在用作為壁材等建材時，也能採用和使用一般混凝土時相同的原料與技術。

如此這般，將原本同一的材料改用複數材料替代，單就這一點而言，確實可認為是與之前的〈#33 同質性原理〉相反。然而，本原理並非只是單純的集合拼湊，在結合各種材料的同時，亦著重在如何使其成為宛如一體的單一種材料。

在每個人家中都有數條的電線即是一例，如**電源線**，在一條的電線之中，卻是有正極與負極兩條的導線。

最初是組合各個零件以實現某一功能，接著又將由這些零件組合而成之物，視同為一體的單一零件，再一次地進行結合，達到技術的進步。

如此地，藉由**套裝化**作成一套「基本款物件」，然後又再將這一套套基本款物件進行套裝，此即是〈**#40 複合材料原理**〉的重疊效果。就某種意義而言，40則的發明原理亦可合稱為「套裝的解決方案」。

因此，在此種意涵下，各位應也能認同本原理作為40則發明原理的最後一則，是再適合不過了。

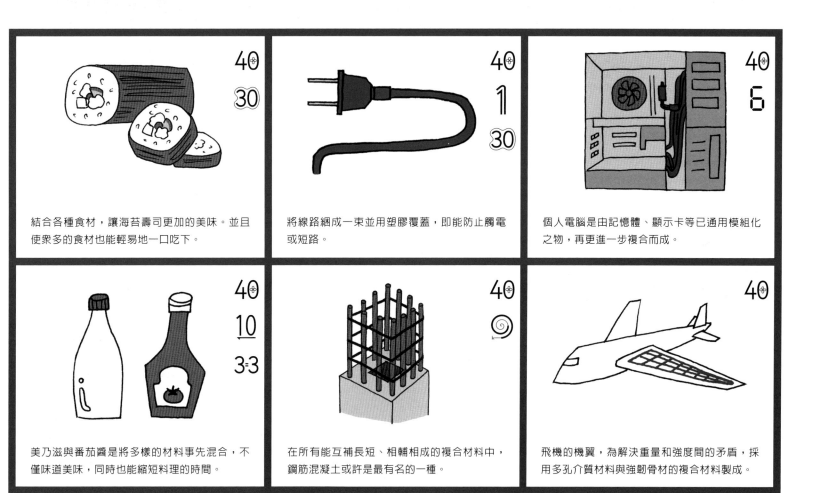

結合各種食材，讓海苔壽司更加的美味。並且使眾多的食材也能輕易地一口吃下。

將線路綑成一束並用塑膠覆蓋，即能防止觸電或短路。

個人電腦是由記憶體、顯示卡等已通用模組化之物，再更進一步複合而成。

美乃滋與番茄醬是將多樣的材料事先混合，不僅味道美味，同時也能縮短料理的時間。

在所有能互補長短、相輔相成的複合材料中，鋼筋混凝土或許是最有名的一種。

飛機的機翼，為解決重量和強度間的矛盾，採用多孔介質材料與強韌骨材的複合材料製成。

〈#40 複合材料原理〉時常利用薄膜〈#30〉進行複合。並且因為將材料事先進行複合，所以也具有〈#10〉的預先效果。

關聯用語 互補缺點、組合、多層化、單晶片化、封包化、混合、模組、被覆、骨材、

具體實例 鋼筋混凝土、電纜、防寒用具、LSI（大型積體電路）、電路板、細胞、飛機的機翼、桌上型個人電腦、蕃茄醬、

WORK　「變材」6則原理 ▸▸▸ 料理

ⓐ **煮麵**
➡〔發明原理　　　　　〕（提示：使用滾水）

ⓑ **沙拉用保鮮膜覆蓋後冷藏**
➡〔發明原理　　　　　〕（提示：說到保鮮膜則……）

ⓒ **蓬鬆軟綿的蛋糕**
➡〔發明原理　　　　　〕（提示：蛋糕含有大量的空氣）

ⓓ **用透明的容器盛裝調味料**
➡〔發明原理　　　　　〕（提示：藉由透明化使內部可視化）

ⓔ **做烏龍麵時會用小麥粉作為手粉、做蕎麥麵時會用蕎麥粉作為手粉**
➡〔發明原理　　　　　〕（提示：烏龍麵是由小麥作成）

ⓕ **使用高湯塊煮清湯**
➡〔發明原理　　　　　〕（提示：清湯中含有多種蔬菜）

從料理中來探尋「變材」的6則原理吧！

ⓐ使用滾水煮麵是因爲相較於直接加熱，液體具有更佳的熱傳導性，並能維持固定溫度的緣故**〈#29〉**。

ⓑ在料理方面廣泛受到使用的保鮮膜，誠如之前的介紹是**〈#30 薄膜利用原理〉**。

ⓒ蛋糕中如海綿般鬆軟的部分是**〈#31 多孔介質原理〉**。吸水後便會回復原狀的方便食品，也是藉由多孔介質，使水分能迅速地受到吸收。

ⓓ盛裝調味料的容器，大多製成「透明的」，因此不僅是調味料的種類，連其剩餘的量也皆能一目了然。透明與可視化可謂是**〈#32 變色原理〉**最得意的技巧。

ⓔ手工製作麵條時用的手粉，使用與麵條相同的材料**〈#33〉**，即使和麵條的麵粉混合也可以將其影響降至最低。

ⓕ要從頭開始燉煮清湯極爲費工，利用事先將材料複合**〈#40〉**而成的「高湯塊」則會便利許多。

所謂的料理原來就是指將各種食材複合所創作出之物，因此所有的料理應皆可說是**〈#40 複合材料原理〉**的發想種子。

最後請選出1則你認爲最實用的發明原理。

〈#　　　　　　原理〉

29 30 31 32 33 40

ⓐ 29 ⓑ 30 ⓒ 31 ⓓ 32 ⓔ 33 ⓕ 40

知己知彼，百戰不殆。
不知彼而知己，一勝一負。
不知彼不知己，每戰必殆。

《孫子兵法・謀攻篇》孫武

物質類
第9組

相變

發明原理最後一組，是作爲物質類另一組的「相變」。

「氣體、液體、固體」較學術的說法是「氣態、液態、固態」，其中的「態（相）」即是指系統或子系統的狀態發生改變，並與本組中眾多用來解決問題的發明原理息息相關。

與「變材」的6則原理是利用材料物質本身的替換達到的變形不同，本組的特徵是藉由周遭環境（相）所施加的熱或壓力以達到物質本身狀態的改變。

此種周遭環境的改變，幾乎全都能直接

視爲是〈#35 改變參數原理〉，而更極端一點的說法也可以說其他5則的發明原理是〈#35 改變參數原理〉細分後的產物。

〈#34 排除再生原理〉主要是應用相變將已達成任務的物質去除，或是補充（再生）不足的物質（除了應用於相變外，也常應用在流體上）。

〈#36 相變化原理〉如汽化熱般的潛熱、由於汽化產生的體積變化與固體、液體、氣體流動性的差異等，是利用伴隨固體→液體→氣體間三相變化所產生之各種現象的一種發明原理。

〈#37 熱膨脹原理〉是利用伴隨溫度變化所產生之體積變化的發明原理。無論是氣體或固體，皆會由於溫度的改變而使其體積發生變化。

〈#36 相變化原理〉與〈#37 熱膨脹原理〉雖都是利用隨著「溫度」此一參數的改變所發生的系統變化，然而，與熱膨脹原理聚焦於肉眼所能觀察到的體積改變相比，相變化原理則是著重於如潛熱這一類

無法目視的變化。

另一方面，改變「濃度」參數的則是〈#38〉與〈#39〉的發明原理，〈#38 高濃度氧原理〉正如其名，是使周圍的環境充滿如高濃度的氧氣般反應性高的物質。〈#39 惰性環境原理〉則相反地，是藉由使周遭環境充滿反應性低的物質來解決問題。

如上述般，「相變」的各原理，是以改變系統整體所處的環境來試圖解決問題，與成語「射人先射馬」有異曲同工之妙。

而利用右圖簡略地對比〈#36〉、〈#37〉、〈#38〉與〈#39〉的發明原理，應能幫助各位讀者記憶。

相變的6則原則關係圖

#35 改變參數原理

改變溫度 改變濃度

#34 排除再生原理

利用相變,將完成反應的物質排除、補充

#36 相變化原理

利用由於溫度變化而伴隨相變所生的各種現象(肉眼無法看見的潛熱等)

#38 高濃度氧原理

藉由提高周圍反應物的濃度以解決問題

#37 熱膨脹原理

利用由於溫度變化所產生肉眼可看見的氣體或物體的體積變化

#39 惰性環境原理

藉由降低(或除去)周圍反應物的濃度以解決問題

「排除」已發揮功用的部分，又或者是使已消耗完的量「再生」，此即是〈#34 排除再生原理〉。排除的例子像是破壞鑄模或是拆除工地的鷹架，再生的例子則有用印後會立即補充墨水的印章。

將JIS規格（日本工業規格）的手洗水溫30℃的標誌改為34，並寫成3朝水中投入，4向外飛出的樣子。

投入後，飛出！

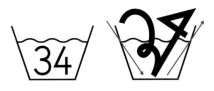

可以輕易地同時觀察到排除與再生兩者的實例是「洗衣」。

觀察洗衣的過程，①加入水與洗衣精→②進行翻攪→③將水與洗衣精連同髒污一併分離（排除）→④為了去除殘留的洗衣精，再次注入水（再生）→⑤進行翻攪→⑥脫水（排除）→⑦在太陽光下曬乾（藉由水→水蒸氣的相變過程進行排除），可知洗衣是排除與再生的不斷反覆作用。

本原理並具有與〈#24 仲介原理〉重疊的部分，排除達到效果的仲介物是相當普遍的作法。此外在排除、再生後，若系統會恢復至反應前的狀態，則亦可視為具有〈#25 自助原理〉的應用，例如洗衣機槽的洗衣等功能即為一例。

在排除的情況下，也時常運用到自固

體變為液體，或液體變為氣體的相變化。

根據〈#34 排除再生原理〉的有無，而能明顯區別出使用方便性的則是使用電池的電子產品。筆記型電腦與智慧型手機，在插著電的情況，還是能一邊充電（電力在當下進行再生）一邊繼續使用，但現在亦依然有不關閉電源便無法充電的產品。

通常，隨著持續的使用，系統的性能亦會逐漸地退化。然而若是採用能除舊納新的排除再生，則有可能提升商品的使用壽命與便利性。

洗衣機為了要去除髒污,而加入水與洗衣精混合,並在達成目的後將水與洗衣精也一併去除。

鐵壺等鑄造品,用砂製成鑄模澆注金屬後,再破壞(排除)鑄模取出成品。

烤鰻魚時,會串成一串方便燒烤,並在燒烤完成後,要食用前將竹籤去除。

膠囊藥物在抵達目的地,例如在抵達腸道前,會將藥粉集中於其內,並等到達目的地後再自行溶解排除。

具多孔介質的印章印面,在用印後會立即補充墨水,而能連續地蓋章。

電子產品是否能一邊使用一邊充電(再生)對其便利性有極大的影響。如電動汽車會在下坡時再生電力。

排除與再生,常如洗衣的例子,利用固體與液體間流動性的不同,排除不要的部分,並使消耗的部分再生。而在此種情形,藉由相變化〈#36〉,亦能在反應中、後改變其流動性。

■關聯用語| 整理、補充、型、抽出、治具、作業用、串、仲介物、充電、流出、蒸發、沉澱、多孔介質、

■具體實例| 洗衣機、鑄造品、連續印章、串燒、膠囊藥物、能邊充電邊使用的電子產品、

〈#35 改變參數原理〉是將眼前現有的材料、反應狀態嘗試改用其他參數替代。其竅門在於改用其他參數時，先從「輕薄短小」的參數開始試驗，接著才用「重厚長大」的參數。

在數學上，要表示函數時會寫成P（x），將參數的x代入35就是本發明原理標誌。

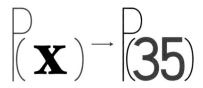

善用此原理的有趣實例是義大利麵條（Pasta）。

所謂的「直條義大利麵」（Spaghetti）是指寬度不滿2mm的麵條，寬度再細一點的是「義大利細麵」（Spaghettini），又再更細一些的則是「義大利特細麵」（Fedelini），而最細如線一般的則是被稱為「天使髮絲麵」（Capellini）的義大利麵。

這些條狀義大利麵雖然同樣都是由杜蘭小麥磨成的杜蘭小麥粉（粗粒小麥粉）做成，但是由於粗細的變化，而會形成各式各樣不同的口感。

不僅僅是粗細的改變，還有縮減長度，亦即如長度較短的通心麵（Macaroni）與斜管麵（Penne）、或者是斷面呈橢圓形的細扁麵（Linguine）以及斷面成方形的「吉他麵」（Chitarra）等，有各種不同的變化。

此外，義大利麵在煮過後，澱粉產生變化造成口感的改變也是一種參數的變更。

事實上，關於〈#35 改變參數原理〉，甚至可以被認為在「相變」組中，應用範圍相當廣泛的所有發明原理，都是自本原理中較常應用到的部分發展而成。

「溫度、密度、黏性、柔軟度、pH值、組成材料」等，只要是能測量的事物即是參數。

例如傳統的染色方法——藍染，會在染色過程中加入石灰乳混合，使pH質變為鹼性，藉此讓染劑可溶於水。

除了藍染之外，其他雖未受注意但實際上卻有應用到〈#35 改變參數原理〉的實例不勝枚舉。

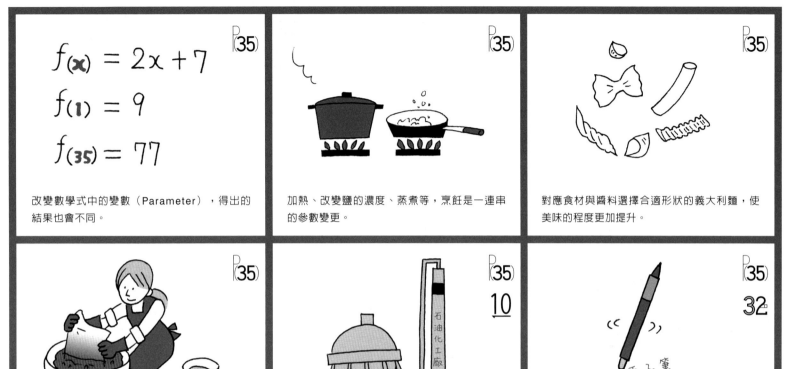

改變數學式中的變數（Parameter），得出的結果也會不同。

加熱、改變鹽的濃度、蒸煮等，烹飪是一連串的參數變更。

對應食材與醬料選擇合適形狀的義大利麵，使美味的程度更加提升。

藍靛不溶於水，因此會利用石灰乳改變pH值進行「建藍」，使藍靛成為可溶於水的「靛白」。

在石油化工廠，為了只產生有用的反應，會進行溫度、壓力與pH值的調整。

市場上已出現隨著溫度變化，而能消除其顏色的原子筆。

〈#35 改變參數原理〉由於其概念非常地廣，因而有許多與其它發明原理的涵蓋範圍重疊之處。不添加任何新的物質但卻能產生某種變化的情況，幾乎都可以認為是本原理。

關聯用語｜ 操作條件、輕薄短小、pH值、中和、蒸發、居禮溫度、溫度、濃度、脹流性、觸變性、

具體實例｜ 藍染、直條義大利麵、料理、橡皮擦、聯合工廠、形狀記憶合金、

〈#36 相變化原理〉與下一則〈#37 熱膨脹原理〉是相對的發明原理。與〈#37 熱膨脹原理〉是利用肉眼所能看見的膨脹變化不同，〈#36 相變化原理〉則多是利用如潛熱等無法目視的變化。

水變成氣體時的水蒸氣畫成3，變成固體時的雪的結晶畫成6，合併為36。

模仿水蒸氣所繪成的3與仿造雪結晶的6

想要冷卻物品時雖會使用冰塊，但實際上卻不是用冰塊的低溫來冷卻，而是利用冰融化為水時所散發的**潛熱（融化熱）**來吸收周圍的熱量。

1g的冰融化為水時吸收的熱量與1g的水升溫80℃所需的熱量相同。

夏季的「**灑水**」也是利用了水轉化為水蒸氣時的潛熱（**汽化熱**）。

相反的，「**三溫暖**」則是利用水蒸氣變回水時所釋放的熱量。

而不僅是在熱的傳遞，〈**#36 相變化原理**〉在維持一定的溫度方面，也相當有用。

要維持一定的溫度，通常會應用〈**#23 回饋原理**〉，藉由精細地切換電源的開與關來達成。但是，對於維持在0℃的溫度，則只需要「**準備冰水**」便已足夠。想要平穩地進行大量的能源交換時，不妨考慮看看相變化的應用吧！

雖是題外話，但在TRIZ所舉的例子中，常可見到藉由「冷凍」來解決問題的方法。在日本想要進行冷凍，會需要相對應的能量，但是在嚴寒的俄羅斯，只要將想冷凍的物件置於戶外，便能使其冷凍。此一現象不禁令人稍稍體會到TRIZ果然是在俄羅斯發展出的產物啊！

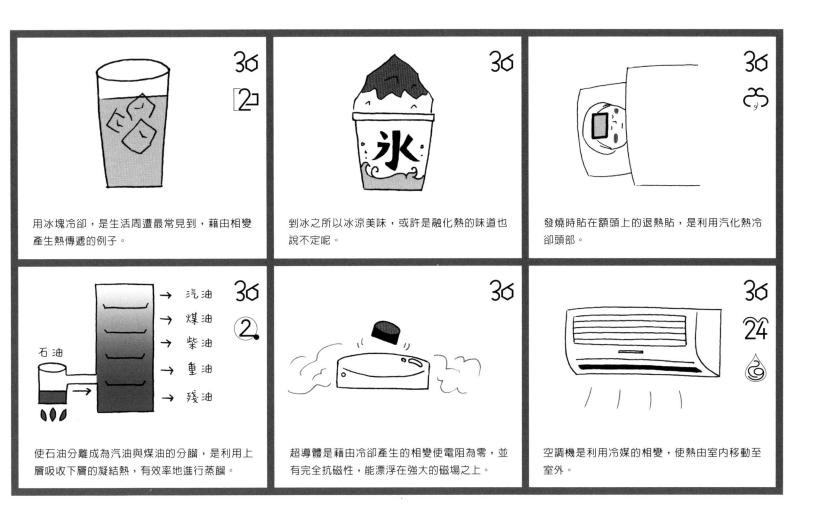

用冰塊冷卻，是生活周遭最常見到，藉由相變產生熱傳遞的例子。

剉冰之所以冰涼美味，或許是融化熱的味道也說不定呢。

發燒時貼在額頭上的退熱貼，是利用汽化熱冷卻頭部。

使石油分離成為汽油與煤油的分餾，是利用上層吸收下層的凝結熱，有效率地進行蒸餾。

超導體是藉由冷卻產生的相變使電阻為零，並有完全抗磁性，能漂浮在強大的磁場之上。

空調機是利用冷媒的相變，使熱由室內移動至室外。

〈#36 相變化原理〉常會應用到與我們生活息息相關的物質 —— 水的相變（冰→水→水蒸氣）。眼睛雖然無法看見熱的傳遞，但藉由〈#36 相變化原理〉，熱的傳遞也能應用成為有用的資源。

關聯用語｜ 汽化熱、潛熱、揮發、凝固、凝結、熱交換／熱傳遞、蒸餾、能量交換、超導體、居禮溫度、

具體實例｜ 冰水、剉冰、三溫暖、分餾、空調、退熱貼、灑水、微霧、加熱產生完全抗磁性、

37 熱膨脹原理
—— 熱膨脹

Thermal expansion

熱常被認為是不易使用的能源。此〈#37 熱膨脹原理〉是著眼於熱所導致的膨脹，使質量低的熱能可以作為進行力學的資源，是一項具有環保概念的原理。

此標誌是由受到下方4把火在燒而膨脹的3，與代表自動調溫器的7所組成。

37 → 37

正如其名，〈**#37 熱膨脹原理**〉是利用熱膨脹的原理，而最貼近生活的例子應是汽車的**安全氣囊**。當發生撞擊事故時，安全氣囊會由於少量火藥爆炸，氣體產生急遽的熱膨漲而充氣。

然而，會引發熱膨脹的並不只限於液體變為氣體時。大多的物質，無論是固體、液體或氣體，隨著溫度的上升，皆會產生不小的體積膨脹。

例如**熱氣球**是空氣受熱發生膨脹，使與體積相對的重量（比重）減輕而獲得浮力。

而**自動調溫器**則是由兩種熱膨脹率不同的金屬（固體）貼合製成的開關，生活中常應用於暖桌上。溫度上升時，自動調溫器會彎曲切斷電路，使溫度不會過度升高。

其特點在於自動調溫器不用電腦的操控也能自動地開關。

此原理之所以重要，是由於其能將使用上受到限制的「熱能」，有效地轉換為力學上的功。

熱能由於其熵（Entorpy）值高，而較難轉換為能作用的功，但是此〈**#37熱膨脹原理**〉將熱能回收作為可看見的力，而極具啟發性。

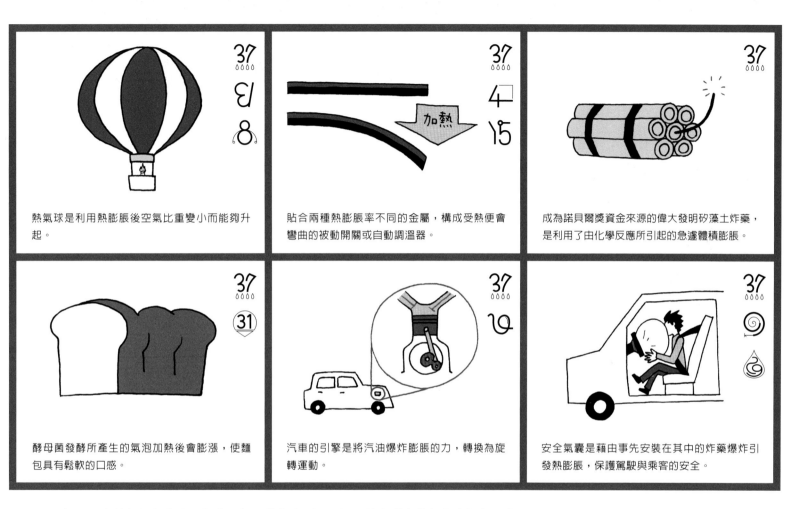

熱氣球是利用熱膨脹後空氣比重變小而能夠升起。

貼合兩種熱膨脹率不同的金屬，構成受熱便會彎曲的被動開關或自動調溫器。

成為諾貝爾獎資金來源的偉大發明矽藻土炸藥，是利用了由化學反應所引起的急遽體積膨脹。

酵母菌發酵所產生的氣泡加熱後會膨脹，使麵包具有鬆軟的口感。

汽車的引擎是將汽油爆炸膨脹的力，轉換為旋轉運動。

安全氣囊是藉由事先安裝在其中的炸藥爆炸引發熱膨脹，保護駕駛與乘客的安全。

採用與水蒸氣加熱會產生熱膨脹相反的作法〈#13〉，將充滿水蒸氣的密閉容器冷卻，即能輕易地達到比大氣壓還低的氣壓狀態（負壓）。此外自動調溫器亦是實踐被動回饋〈#23〉的一種裝置。

關聯用語| 爆炸、氣體（的膨脹）、緩和、溫度調節、收縮、沸騰、活塞、升壓、膨脹、

具體實例| 安全氣囊、熱氣球、自動調溫器、矽藻土炸藥、爆米花、引擎、天婦羅麵衣、

高濃度氧原理
—— 高濃氧

〈#38 高濃度氧原理〉照字面上的意思是使用高濃度的氧，乍看之下雖然會覺得應用範圍似乎有些狹隘，但若換一種說法為「使周遭充滿高反應性的物質」，則其作為發明原理的適用範圍則變得廣泛許多。

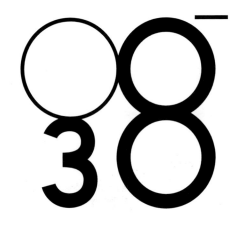

本標誌是仿效臭氧（O_3）的分子構造所繪成。右上方的橫線則是代表受負離子活化的氧。

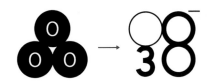

3個氧原子構成臭氧

〈#38 高濃度氧原理〉若照字面的意思解讀，是僅使用高濃度的「氧」，但是實際上，〈#38 高濃度氧原理〉還包含了提高臭氧、活性氧類等日常較少見的「活性氧」濃度的作法。

臭氧是能產生強烈氧化作用的物質，常應用於殺菌與除臭。

又，所謂的**紫外線殺菌**，不僅是指利用紫外線達到消毒的效果，還包含了藉由紫外線使氧活化達到殺菌的效果。

也因此，在發明原理標誌的右上方才會畫有橫槓（負號），代表藉由**負離子化**的活化作用。

例如在〈#25 自助原理〉中也有舉出的**光觸媒**，表面上是利用光來進行除臭、去髒污的功能，但實際上，是藉由吸收了光能的**二氧化鈦**將空氣中的氧活化，使生成的活性氧與構成異味的物質進行氧化，分解為二氧化碳與水來去除。

高濃度的氧雖然「反應性高」，但在濃度20%左右卻是「近乎無害」，這是其他物質所沒有的特性，也因此在發明上廣泛地受到應用。

此原理應用於問題的解決時，並不是針對問題本身，而是藉由改變其周圍的環境（尤其是反應物的濃度）以解決問題的發明原理。

由3個氧原子構成的臭氧具有強烈的氧化性。本發明原理標誌也是用3個O來表示臭氧。

潛水或是治療高山症時，裝滿高濃度氧的氧氣瓶是不可或缺的。

乙炔與氧混合燃燒，能產生比在空氣中燃燒更高溫度的火燄。

利用紫外線的能量將空氣中的氧轉化為活性氧，使細菌與髒污藉由強烈的氧化作用去除。

氧漂白劑是藉由過氧化氫的氧化作用，將污垢漂白。

壓力鍋是利用水蒸氣的熱膨脹，形成高溫高壓的環境，縮減烹煮的時間。

　　高濃度氧氣本身雖是一個不常見的名字，但在專利上卻常受到應用。一般生活中，生炭火時會用扇子搧風送入空氣，就是〈#38 高濃度氧原理〉中較平易近人的實例。

關聯用語| 活性氧、臭氧、紫外線、激烈的、強制變化、濃的、過剩的、氧化、還原、反應、高溫、高壓、

具體實例| 過氧化氫、光觸媒、紫外線殺菌、不銹鋼、加熱器、水肺潛水、碳火爐、與氧結合、漂白劑、

惰性環境原理

—— 惰性

〈#39 惰性環境原理〉與前一則〈#38 高濃度氧原理〉是相對的發明原理。除去如氧氣等具有高反應性的物質，製造惰性的環境（如氮氣等）。

將3的外圍用9圍起來，並且為了表示惰性，在其上畫出一條帶有禁止意味的斜線。

所謂的空氣，雖然存在感很低，但其中卻包含了各式各樣的氣體分子，對於作為客體的系統往往會產生影響。

切好的蘋果放著會漸漸變成褐色，這是由於受到空氣中氧的影響。

雖然利用〈#30 薄膜利用原理〉，將蘋果用保鮮膜包起來也可以，但藉由讓切開的蘋果周圍充滿氮氣，讓氧氣自其周遭消失也是防止變色的一個方法。

以蘋果為例或許較不切實際，但是在糖果與果汁的包裝上卻已有實際地應用，被稱作「**充氮包裝**」。

核能發電廠會將使用完畢的燃料浸泡在水中，雖然具有積極抑制反應的涵義，但同時也可以認為是一種**惰性環境**〈#39〉的應用。

而此發明原理也與〈**#38 高濃度氧原理**〉相同，除了理解為「使周圍充滿反應性低的物質」外，還能換一種想法解讀作「加入能造成惰性的添加劑」。

防腐劑和**抗氧化劑**等即是惰性添加劑的具體應用實例。

系統的周圍看起來明明什麼都沒有，但卻仍有有害的變化發生時，將系統用氮氣等惰性的物質包圍，以判別系統周圍是否確實「什麼都沒有」，也是一種應用方法。

取代空氣，利用不含氧的氮氣來填充，而能抑制糖果餅乾的油分發生氧化。

在包裝內放入脫氧劑或乾燥劑，去除細菌繁殖所必須的氧氣和水分形成惰性環境。

常用於防災用品和電子產品的塑膠，為了具有不易燃燒的特性，而添加了被稱為阻燃劑的成分。

速食調理包是在經由煮沸殺菌達到惰性化後再密封起來，能長期以常溫保存。

鹽漬、醬菜、醋醃、油漬、罐頭等，都是藉由形成腐化細菌難以繁殖的狀態來達到食物保存的作法。

削過皮的蘋果用鹽水浸泡，能抑制表面的變色。

要形成惰性環境時，為了維持其狀態，利用薄膜或外殼〈#30〉與周圍隔絕〈#2〉是必要的步驟之一。此外為了要能無縫隙地圍住目標物，常會運用流體〈#29〉作為包覆的材料。

關聯用語 惰性化、安定化、包圍、防止、脫氧劑、乾燥劑、真空、惰性氣體（氬）、阻燃劑、

具體實例 充氮包裝、速食調理包、核燃料池、拋棄式暖暖包、硅膠、鹽漬、煙燻、螢光燈、

「相變」6則原理 ▶▶▶ 料理

(a) 蛋可以作成半熟或全熟水煮蛋
➡ 〔發明原理　　　　　〕（提示：改變水煮的時間和溫度作成）

(b) 天婦羅瀝油後才盛到盤子上
➡ 〔發明原理　　　　　〕（提示：瀝油也就是？）

(c) 煎蛋時，先加少許的水之後再蓋上鍋蓋
➡ 〔發明原理　　　　　〕（提示：讓平底鍋內部的溫度保持一定）

(d) 用壓力鍋做料理能縮減烹調的時間
➡ 〔發明原理　　　　　〕（提示：作成高溫高壓的狀態）

(e) 藉由鹽漬可較原本生鮮的狀態保存的更久
➡ 〔發明原理　　　　　〕（提示：抑制細菌的繁殖）

(f) 加入酵母菌的麵包較蓬鬆柔軟
➡ 〔發明原理　　　　　〕（提示：加熱發酵所生成的氣泡……）

接續「變材」的6則原理，繼續從料理中來探究「相變」的6則原理吧！

〈#35 改變參數原理〉是嘗試改變濃度或溫度的發明原理，與改變水煮時間以調整熟度的(a)相符。

(b)天婦羅瀝油後再盛裝到盤子上，是排除烹調完成後不再需要的油，是〈#34 排除再生原理〉。

巧妙地運用相變〈#36〉時產生的潛熱，(c)即能煎出美味又漂亮的荷包蛋。加水蓋上鍋蓋並把火調小後，平底鍋中會因此充滿水蒸氣，利用這些水蒸氣回復為水時所散發的潛熱，便能作出美味的煎蛋。

(d)壓力鍋是〈#38 高濃度氧原理〉的應用實例，利用高濃度的水蒸氣取代氧氣，提高溫度與壓力。

(e)用鹽漬保存食材，除了調味外，還可達到防止細菌繁殖的目的，此為〈#39 惰性環境原理〉。

而在〈#37 熱膨脹原理〉中也曾介紹過，(f)蓬鬆柔軟的麵包，是酵母菌發酵生成的二氧化碳氣泡經加熱後膨脹所製成。

終於到了最後，請從「變相」的6則原理中選出1則發明原理。

〈#　　　　原理〉

第3篇

發明原理實踐篇

綜合練習

›››生活中的發明原理

對前一個篇章有什麼感想嗎？

是否有感受到在我們的日常生活中，充滿了堆積如山的發明原理呢？

無論是在哪一個時代，都會有使用不易的工具。但是，當一個產品問世時，並沒有人是想要「作出不易使用的產品」，不管是哪一種製品，都是想要「比過往的產品更加優良」。

而在領略過發明原理後，便能從至今未曾特別注意過的日常用品中，汲取出「開發者的發想理念」。若能好好利用這份**共鳴感**，便能將由其他部門或其他公司技術人員所開發「難以理解的商品」，理解轉化為「具有價值的鑽石原石」。

並且，在各發明原理的介紹章節中，蒐集了來自各種領域的實例。不同領域的技巧，卻都能藉由**發明原理共通化**，讓人不禁體會到發明原理的有趣以及神奇之處。

以筆者爲例，筆者雖然察覺到了電腦資料夾目錄結構與企業組織架構間的共通點，卻長期無法用適當的言語表達，如今藉由〈**#7 套疊原理**〉，終於能夠適切地傳達其共通處，並也因此感到如釋重負。

因此，請各位讀者也務必以在每組最後的練習中，以自己所記入的「**最實用的發明原理**」爲中心，輕鬆有趣地去發現身邊周遭的**發明原理**。

其實就連筆者本身也是藉由觀察生活周遭的巧思來記住與掌握發明原理的。

所謂的記憶，一般多認爲是藉由「輸入（Input）」所形成之物，然而實際上，卻是在寫考卷或解決問題等，進行「輸出（Output）」的時候，才能更深刻地強化記憶。

也就是說要能夠融會貫通發明原理，除了閱讀本書之外，還需「**自行查找發明原理進行輸出**」才會更有效果。

在最後，本書準備了涵蓋全部40則發明原理的實作練習題，其主題包括「料理與用餐」、生活中常見的「道具」以及由無形的動作集結而成的「其他」。

在此所列舉出的例子中，若是能將**半數以上都填入發明原理**，對發明原理便已是能運用自如的程度了。

後面的**索引**亦可作爲解答，不知道答案時請自索引中查找。

料理與用餐類

〔　〕冰淇淋
〔　〕壓力鍋
〔　〕打蛋器
〔　〕蒲燒鰻魚
〔　〕茶
〔　〕剉冰
〔　〕漏斗
〔　〕醬油瓶
〔　〕小籠包
〔　〕牛排
〔　〕炭火烤肉
〔　〕巧克力
〔　〕天婦羅炸麵衣
〔　〕納豆
〔　〕義大利麵
〔　〕醃漬食品
〔　〕河豚
〔　〕海苔壽司
〔　〕自動攪拌機
〔　〕美乃滋
〔　〕法式千層酥

工具類

〔　〕用藥記錄卡
〔　〕乾電池
〔　〕高爾夫球桿
〔　〕三腳架
〔　〕烘手機
〔　〕自行車
〔　〕照片
〔　〕訂書機
〔　〕智慧型手機
〔　〕手杖
〔　〕衛生紙
〔　〕剪刀
〔　〕棒球棒
〔　〕緊急避難包
〔　〕複式簿記
〔　〕積木
〔　〕黑白陀螺
〔　〕俄羅斯娃娃
〔　〕免洗筷

其他類

〔　〕7段顯示器
〔　〕PDCA循環
〔　〕做鬼臉
〔　〕車站商場
〔　〕離心力
〔　〕語音輸入
〔　〕概略估價
〔　〕緊急刹車
〔　〕撿垃圾
〔　〕自動扣款
〔　〕咀嚼
〔　〕分餾
〔　〕達摩積木
〔　〕複數平面
〔　〕免費儲值商業策略
〔　〕眨眼
〔　〕申請表格
〔　〕線路圖

更多TRIZ：
挑戰
反向TRIZ操作

那麼，在能純熟運用發明原理後，下一個步驟是要思考眼前的技巧是要用以「解決什麼樣的權衡問題呢？」如果換成TRIZ的用語表達，即是**「要解決什麼參數的矛盾？」**，對於**矛盾的定義**我們需要多加留心觀察。

想要將自己喜愛的事物向他人做介紹時（這種情況似乎不多！？），與其只是展示說「很不錯吧？」，不覺得用**「它能解決某兩種特性參數間的矛盾。」**來說明其優點，更有說服力嗎？

矛盾定義的方法可見前面第一篇的介紹，但在一開始不必過於在意**39個特性參數**，例如在觀察三角架時，只要能注意到「體積與容易攜帶間的矛盾（權衡問題）」，是利用能向內收納起來的腳管，也就是〈**#7 套疊原理**〉解決即可。

而代入特性參數思考時也是，即使沒有注意到「是移動物體還是靜止物體」這種細節，只**粗略地依表象**判斷出「長度與使用難易度間的矛盾」亦可。只要能掌握眼前的物品具有「哪兩者之間的矛盾」就算及格。

這個社會上雖然充滿了用「正解」與「錯誤」來評分的考試，但在TRIZ的世界中，無論是特性參數還是發明原理的適用上，都不會有「錯誤」的存在。

就算某件商品的創作者，明確地聲明了此商品是用以解決哪些特性參數的矛盾，此宣言可能也只是數個正解中的其中一個而已。即使你所思考出的「特性參數矛盾」，與創作者所說的不同，但只要藉由你的矛盾定義能產生出「新的價值」，那麼此即是「正確答案」。

而在實作練習中，為了幫助各位讀者理解發明原理，雖然給了像是有正確答案的提示，但就算讀者所選擇的發明原理與本書的答案不一致，只要這種選擇能帶來「新的發現」就完全沒有任何問題。

不要害怕答錯，勇敢的挑戰看看反向TRIZ操作吧！

對前面實作練習所提到的內容、在各發明原理中所舉的例子，也可以利用反向的TRIZ操作探討看看「究竟此種技巧是哪種特性參數的矛盾？」如此層層累積的思考模式，將能成為產生新發想的泉源。

更多TRIZ：
如何更深入地學習TRIZ

到目前為止，對於發明原理以外的TRIZ工具也已分別介紹了7項。

由於TRIZ所涵蓋的技術體系廣大，有許多內容並無法在此一一介紹，想要更進一步深入學習也具有極高的門檻。雖然有聽過TRIZ的人應該不少，但能深入了解的人卻寥寥無幾。

而我對於TRIZ的學習在相較下之所以顯得較為容易，應是由於我在學習TRIZ最初的兩年，都是心無旁騖一心鑽研TRIZ發明原理的緣故。這也正是筆者創作本書的動機。

由於發明原理是TRIZ的基本，因此TRIZ的其他技法亦包含了其精髓。

以在本書中也有略為提到的「**31則進化模式**」為例，其中大多是40則發明原理的具體化，或是由發明原理組合而成。

在閱讀對於TRIZ整體進行探討的書籍時，是否有熟記40則發明原理相當的重要。這就像是去到國外時，是否有記住英語中常用的句子一樣。待在國外卻不懂外國的語言是很困擾的一件事，然而若是能通曉當地語言，則會多出許多發現新奇事物的大好機會。

將發明原理當作語言般牢記後，在單調的日常生活中也能有發現新事物的機會。

在記住發明原理之後，也請到更深奧的TRIZ的世界裡去探究看看。

能介紹、論述TRIZ整體的著作，都是要嘔心瀝血才能創出的大作，因此無論是閱讀哪一本，毫無疑問地都將能得到物超所值的收穫。

而在網路上，**日本TRIZ協會**也整理出了許多相關的網址提供參考：
http://www.triz-japan.org/Link.html

其中的「**TRIZ補習班**」，並提供有阿奇舒勒及其弟子所著的TRIZ教科書的翻譯版本。

在習慣了發明原理的觀察、對TRIZ的全貌也有大略的了解之後，如果還想要認識「TRIZ問題解決方法」更精深的用法，則可以研讀最高階的參考文獻〈*Hands On Systematic Innovation*〉（萃智系統性創新上手）。作者蒙戴樂（Darrell Mann）不僅是現今最常實踐TRIZ的學者，此書在日本更是由數十名最早開始埋首研究TRIZ的專家所翻譯。

在讀完此書之後，應該都會像我一樣，會忍不住地想要將TRIZ與更多人分享。

我在寫這本書時，也是無數次地參考了此書。

不過，此書由於是B5規格近500頁的巨作，是無法一下子就能馬上讀懂的書。請在熟悉了發明原理，閱讀過其他關於TRIZ全體的書籍之後，再來試著挑戰此書。

標記
發明原理標誌

TRIZ如先前所述，說到底乃是自發明原理衍生之物。因此，在此即要藉由發明原理與矛盾矩陣，進行反向的TRIZ操作，並藉此介紹如何自日常生活中製作出一本**自用的創意集**。

而實踐案例的探討，將以報紙裡的夾報廣告，或者是投入信箱內的量販店與超市的廣告單為主題。

檢視廣告單整體，可以發現上面印了各種顏色，顯然是〈**#32 變色原理**〉的應用，因此請在廣告單的旁邊畫上〈#32〉的標誌**32**。

推薦購入的商品會印在廣告單的最上方並為了凸顯而放大，至於其他的商品也會對應推薦的程度，印成不同的尺寸，依此可以判定這是利用了〈**#4 非對稱性原理**〉。因而同樣地，請畫上**4**。

除此之外，對於刊登在廣告單上的商品本身，如果也有發現發明原理的應用時，請也畫上相對應的發明標誌。

雖然也可以像這樣標記完發明原理標誌後就結束，但是若想要更進一步地實踐反向的TRIZ操作，則尚需利用矛盾矩陣進行更深入地觀察TRIZ。

用這張廣告單所**解決的矛盾（權衡問題）是什麼呢？**

如果沒有辦法馬上就想出答案的話，藉由**9宮格法**（第96頁）思考**上位系統**即能有所幫助。

例如，可以畫出如下的矩陣：

	過去	現在	未來
上位系統	看報紙	看的人 其他店家 的廣告單	來自家商店？ 去別家商店？
對象		廣告單	
下位			

參考上位系統，可以發現廣告單的**周圍**，同時存在有「看廣告單的人」與「其他店家的廣告單」。

想要呈現出自家商店比其他家商店擁有更多商品時，會在自家的廣告單上**刊載**比「其他店家的廣告單」**更多的商品**，但這樣會造成「**看廣告單的人**」時間上的浪費，反而容易使其目光被其他店家的廣告單吸引。

為了防止此種情況，將重點促銷商品的介紹**面積**擴大，即能有效地解決「在有限的篇幅內，希望儘可能地刊載較多商品」的需求與矛盾。

也可以說廣告單是含有「為了要刊登許多的商品，而將各個商品的面積縮小（＝**特性參數6：靜止物體的面積**）」與「想要馬上掌握內容（＝特性參數25：時間的損失）」之間的矛盾。

在此種狀況，很難判斷究竟哪一項是改善參數，哪一項是惡化參數，因此，此時的訣竅便在於將兩者都做矛盾矩陣的參照。

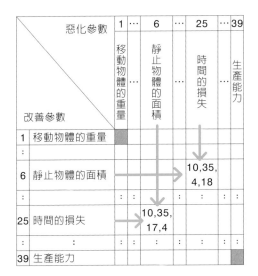

改善參數＼惡化參數	1	…	6	…	25	…	39
	移動物體的重量		靜止物體的面積		時間的損失		生產能力
1 移動物體的重量							
:							
6 靜止物體的面積					10,35,4,18		
:	:	:	:	:	:	:	:
25 時間的損失			10,35,17,4				
:	:	:	:	:	:	:	:
39 生產能力							

而依矛盾矩陣，提議適用以下5則的發明原理。

〈#10 預先作用原理〉
〈#35 改變參數原理〉
〈#4 非對稱性原理〉
〈#18 機械振動原理〉
〈#17 移至新次元原理〉

藉由此5則原理，再重新檢視廣告單時，會發現除了先前注意到的「面積的**非對稱性〈#4〉**」外，還有文字的粗細與字體等**參數的變更〈#35〉**。

此外，若是留心〈**#17 移至新次元原理**〉，會發現藉由登載照片，或是「電視廣告」宣傳「請參閱明天早報的夾報廣告單」，是其他次元以及**事前〈#10〉**的應用。

那麼〈**#18 機械振動原理**〉則又是如何？像手機收到簡訊時會發出振動般，如果廣告單中的重點促銷商品也會振動的話，「即使面積狹小，也能馬上吸引到目光」。這是一個創新、未來的廣告單的概念。

而再多動一下腦筋，對「振動」作

更抽象性的思考也是一個不錯的辦法，例如像下方的圖示般，將想要吸引注意的部分，用表示振動概念的鋸齒狀裝飾標記起來。

18 機械性振動原理！！

像上述這般，即使只是一張稀鬆平常的廣告單，藉由發明原理與矛盾矩陣，便也能輕易地看透其背後所蘊藏的巧思。

並且，此種要能發現背後巧思的技巧，重點在於要先將發明原理標誌畫記出來，才能有利於之後的參考。

標記的活用方法

緊接著則是要介紹應如何將標記出發明原理後所累積的「巧思」，實際活用到自己所面臨的問題與創造新的構想之上。

本書的設計架構是在讀完本書之後，可另將本書用作為解決問題與創意發想的「實例集」。而這些實例「索引」的製成，也正是TRIZ的實踐。因此，此處即以本書索引中所採用的技巧為例，利用TRIZ的發明原理與**矛盾定義**介紹發明原理的活用方法。

首先，必須重新思考「索引」的目的為何。例如將其目的假設為「要能快速地獲取書中的資訊」。

而快速地獲取，也就代表是想要改善「特性參數25：時間的損失」。

那麼，索引在追求改善時間的損失時，會**產生的矛盾**是什麼呢？

由於強調便利性，而任意增加索引項目的話，會使索引的頁面（**面積**）增加，並因此**增加**搜尋目標項目的**時間**。「增加索引項目」亦即是「**靜止物體的面積**」與「**時間的損失**」發生了對立。

其實此與「商店的廣告單」所面臨的矛盾相同。藉由將問題抽象化，會發現零售業與出版業，這兩種完全不同的產業卻都有相同的**矛盾**。

於是，建議套用的發明原理也與之前相同，為「〈#10〉、〈#35〉、〈#4〉、〈#18〉、〈#17〉」5則。

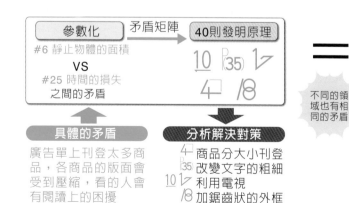

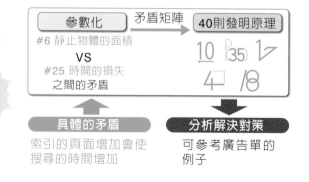

此時，標記發明原理後所蓄積的技巧便能派上用場了。不同領域的「廣告單」所應用的技巧，藉由發明原理抽象化後即能活用。

在廣告單中利用〈#4 非對稱性原理〉→「索引項目分大小」，以及〈#35 改變參數原理〉→「改變文字的粗細」等方法，早已時常應用於索引之中，而在本書的索引也有採納。

接著是〈#17 移至新次元原理〉，在廣告單中是利用商品的照片。在本書的索引中則不光只有文字，還加上了新次元的照片與圖片，使之抽象化。

此作法與本書索引項目是為了由「發明原理的實例」進行反向推導的目的不謀而合。

而在各發明原理橫跨兩頁的介紹中，左邊的頁面都印有比頁碼還要醒目的巨大發明標誌。

因此，索引項目的表示方法

折り紙	摺紙	101

從單純只有頁碼

折り紙	摺紙	101

轉變為與其他次元的發明原理標誌一同併記的作法（此種標誌併記的作法，也是一種貼標籤的概念，因此還有應用到在廣告單中也有出現的〈#32 變色原理〉）。

接下來是早已在實行中的〈#10 預先作用原理〉，因為到目前為止的內容都是在「預先」說明「索引的使用方法」。所以，當看到自第188頁起的索引時，應能立即了解其使用方法。

最後還剩下的是〈#18 機械振動原理〉。這則原理的應用，是需要請讀者們在看到自己偏好的發明原理或是感到耳目一新的具體實例時，將重要的部分畫上波浪線條或鋸齒狀外框註記以實踐。

如上述般，將「具體的矛盾」抽象化，利用TRIZ工具找到解決問題的方向，再導入不同領域的解決方案精髓並適用於「具體的解決對策」之中，此一流程（左頁下圖）通用於TRIZ整體。

首先要能將自己所面臨的問題，依矛盾定義→矛盾矩陣→發明原理的形式抽象化後，才能更深刻地理解TRIZ所提供的「科學性思考輔助」。

發明原理標誌 on 9宮格法

到前頁為止,介紹了矛盾定義與矛盾矩陣等「正統」的發明原理使用方法。

然而,有時也會發生難以運用矛盾定義的情形。為了對應這種情況,在最後將要介紹由我所構思出,即使不用矛盾矩陣也能輕易選出發明原理的「發明原理標誌 on 9宮格法」。

發明原理標誌 on 9宮格法如右頁所示,是將在第二篇介紹過的發明原理標誌與發明原理名稱,依各組的分類收納至3×3的方格中。

排列順序會有些不自然,是因為在「9宮格法」中所採用的位置關係,是將一次元的數字排列,轉換為二次元排列〈#17〉的緣故。

如果作為目標物的系統還在**構想階段**,就請參考9宮格法中表示**事前**的左列,試著自「分割」、「組合」、「事先」3組中思考出解決方案。

另一方面,如果系統已成形至一定程度,想要盡早解決**已實際發生的問題**時,則可以從9宮格法對應「**事後**」的右列,自「**效率化**」、「**無害化**」、「**省力化**」3組中,依據已發生的現象選擇發明原理。

位於中央所列的3組的使用方法,需要以9宮格法的上位系統與下位系統,此種上下關係為基礎作考量。想要改變系統的要素時,是採用下方的「**變材**」;想要改變處於上位系統的環境時,要利用上方的「**相變**」;想要使系統全體發生變化時,則要選擇中間的「**變形**」(此種上下關係也大致適用右頁的3列)。

另外,就TRIZ解決問題抽象化的效果,在此也略作補充說明。事實上此發明原理標誌 on 9宮格法也具有和索引相同的矛盾(面積vs時間的損失)。因此,為了要能快速地選出適用的組別,自各組中分別選出了1則代表性的發明原理放大表示〈**#4 非對稱性原理**〉,並且將每一組用不同的顏色表示〈**#32 變色原理**〉等等,應用了與索引相同的發明原理。

若是還未達到能靈活運用矛盾定義的階段時,則也可以「此次是為了要將系統已發生的問題無害化,因此採用〈**#21 快速作用原理**〉」,像這樣子來運用本表。希望發明原理能時常對各位讀者產生幫助。

發明原理標誌40 on 9宮格法

1 分割
分割原理
2 分離　局部性質　非對稱性

(35) 相變
改變參數原理
排除再生　相變化　熱膨脹　高濃度氧　惰性環境

17 效率化
移至新次元原理
機械振動　週期性動作　連續性

5 組合
組合原理
6 多功能　7 套疊　8 平衡力

變形
反向思考原理
曲面　可變性　大約

24 無害化
仲介原理
快速作用　轉禍為福　回饋

預先
預先反作用原理
10 預先作用　11 事先保護　12 等位性

40 變材
複合材料原理
流體作用　30 薄膜利用　31 多孔介質　32 變色　33 同質性

省力化
機械系統替代原理
自助　26 代替　拋棄式

索 引

此索引正如第184頁的說明，列有該用語出現的頁數，並且將與該用語相關的發明原理標誌「彩色化」。

索引中出現的用語，可以依發明原理名稱、TRIZ的專門術語、以及一般名詞分成3類。又為了要將此3類加以區分，TRIZ的專門術語是以粗體字表示，而發明原理名稱則是以粗體加上放大字體表示。

並且，發明原理名稱的索引是指介紹頁的頁數，一般名詞的索引則是指插圖與實作練習的頁數。

メカニズム代替原理 機械系統替代原理 —— 138

や行

ら行

流体作用原理　流體作用原理 —— 148

要如何能俯瞰、有效率地活用在21世紀大幅增加與細分化的智識，是人類接下來所要面對的課題。

而唯有知識的結構化，才是具體的解決方案。

第28任東京大學校長　小宮山宏

後　記

感謝各位閱讀本書。

　　我是在超過 10 萬人以上的企業集團中，擔任公司內部唯一（日本國內唯一？）一位「創意開發師」（Idea Creator）的高木芳德。

　　研究以及在公司內、外啓蒙與推廣 TRIZ 普及化，都是屬於我的工作內容之一〔因此，本書雖然是我出於個人目的所撰寫，但絕對不是瞞著公司私下偷寫的（笑）〕。

我第一次與 TRIZ 邂逅是在 6 年前，於公司內「尋求轉職」機會的時候。

　　之所以想要轉職，是因爲更早之前，當我任職於 IT 部門與不斷創造出傑出成果的印度人共事之時，對於自己單只靠 IT 技能來建構的職業生涯感到了不安。因此我從系統工程師（SE）轉任至（公司內的）研究職缺上，每天也都獲得了許多的啓發。然而，在約 6 年後雷曼兄弟事件發生時，該部門遭到了裁撤，只能靠自己再開始尋找公司內別的職務。

然而就在此時，我認爲只是一般的求職未

免太過無趣，因此我在公司內宣布我創設了一個叫「腦力激盪諮詢」的職務。

　　在聽到我的宣言之後，一位素不相識的前輩（而且還是在相距 50 公里以上的其他部門），向我搭話表示「有想要教你的事」。而自他那邊所學到的便是 TRIZ。

自從學習了 TRIZ 之後，每天都可以深刻感受到自己所學的「知識」與「經驗」，終於不再是不成系統的「雜學」，而是能轉變爲容易向他人傳達、有助於創造的「智慧」，甚至是「贈禮」。

此外對於我在從事研究工作期間，由於深刻感受到「社會上知識的惡性通貨膨脹」而產生的不安，TRIZ 也像是落水時的一根救命浮木。

所謂「知識的惡性通貨膨脹」，是指與在惡性通貨膨脹下，金錢的價值會在一夕之間暴跌相同，早上還具有價值的鈔票到了晚上便如同廢紙，而花費了大筆時間與金錢所開發出來的技術，很快地也會變成任何人都能做到、毫不稀奇的平凡事物。

　　例如人們現在費盡心血投入或創造出

的附加價值物與產品，在 5 年後，可能便要面臨與新時代的智慧型手機，或個人創作的免費應用軟體（APP）之間的競爭。

而造成此一情況的則是由於搜索引擎的出現，使得「取得必要資訊、知識的成本（金錢、時間）」大幅降低，個人所能取得的資訊量與精密度都有爆炸性的提升，甚至包含新興國家在內，參與「知識經濟」的勞動者也都呈指數性的增長。

站在消費者的立場，這是可喜可賀的事，然而對以「創造知識價值」爲生的企業或個人而言，則是一個逐漸麻痺的世代。因爲現已演變爲必須時時刻刻創造新知識價值的情況。

　　而就在思索這種情況的時候，我與 TRIZ 相遇了。

＊　＊　＊

近年來，「創造力」受到越來越多的關注。大概在 10 年前，「創造性的工作」或「創造性」等能力，都還是少數人才會受到期待具備的能力，然而在最近，也已經開始有將這種「創造力」與「溝通能力」相提並論，認爲兩者都是一種「基本

功夫」的看法。

這也可以說是電腦與 IT 產業發達後帶動的反面效果。IT（近期被稱為 ICT：Information Communication Technology）領域的發展，除了在網站上從訂購到付款都能完成的定型業務自動化之外，也漸漸地開始進入過去被認為是「電腦無法達到、專屬於人類的領域」。

舉亞馬遜網站為例便可更清楚，針對形形色色的客戶分別推薦適合的產品，是將過去認為是「需要人類長時間彼此交際往來」才能辦到的非定型化業務自動化。

實際上，對於「A 還是 B ？」此種「選項已經預備好，接下來只需要作出選擇」的問題，電腦早已遙遙領先人類在進行著。這也是亞馬遜網站在販賣的商品上能有「高達 5000 萬個選項」的原因。

擁有無數個選項，被認為是屬於人類神聖領域的日本象棋（將棋），於 2013 年春季，在職業棋士與電腦將棋軟體 5 對 5 團體戰的「第二回合電腦戰」中，職業棋士以 1 勝 3 敗 1 平手輸掉了比賽。而其中在決戰時，棋王遭到東京大學的「GPS 將棋」擊敗一事，更是在國內外都引起了極大的震撼。

然而，能使人類不至於感到灰心喪志的是第四局的和局。在職業棋士隊，一位經驗老道的棋士跳脫了所有人認為只有「贏」或「輸（認輸）」的選項，「創造」出了「利用 24 點法以和局（持將棋）為目標」的新解決方向。

在為了要創造新的選項而拼命思考的人類，與無法對應當下狀況只能不斷出「成步（將棋術語）」的電腦（以及苦笑的開發者）之間有著強烈的對比。

恐怕在下一次比賽，電腦隊便會將「24 點法持將棋的應對」輸入至電腦，提升其「贏過職業棋士」的能力。

但是不變的是，此一「目標」仍是基於人類的「創造力」而生。

不需要對依據摩爾定律，能力會以倍數增長的電腦感到畏怯，而是應該要重新思考在「應對能力」之外應如何磨練「創造力」，與電腦相互刺激創造彼此雙贏的局面。

也就是說，要從「選擇」選項的時代，演進成每一個人都各自追求「創造」選項的時代。

在這種不可不鍛鍊「創造力」的時

代，也正是 TRIZ 發揮威力的時候。

在「前言」中也有提到，現在廣為人知的創造方法，大多都是將自己腦中至今既有的經驗，以各種不同的觀點、視角去捕捉，再與其他的經驗結合，「創造」出新的事物。

而不同於此，TRIZ 則是在單純的「提供其他觀點」之外，還「提供了長期受到實行的各種技巧」，是一種「為了創造而生的理論」。

多虧了 TRIZ 的學習，使我的發想領域較過去有了無法比擬的增長，甚至還能因此創造出創意開發師這樣的職位。

* * *

另一方面，由於我也還在持續學習 TRIZ 這個巨大的體系。因此若是各位讀者能藉由這本書，感受到學習 TRIZ 的樂趣以及其效果的萌芽，並且產生：

「像記住 40 個英文單字般，也來試著記住 40 則發明原理吧！」

這樣的想法的話，我會非常的高興。在發明原理標誌中，只要對其中一個有「好像

蠻有意思，想畫畫看」的想法，便請從那一個標誌開始畫畫看吧！

隨著技術的高度發展，只要跨出自己的專業領域一步之外，便都是自己無法理解的事物。然而，藉由發明原理，即使是跨領域的技術也能掌握其要點，不僅能獲得知識，同時也增加了應用的機會。

並且，能將至今一直困在「雜學」中的知識，或無法應用到其他領域的專業知識，活用到幫助他人解決問題之上，是一件非常快樂的事。

各位讀者若是能通曉發明原理，親身體會這份喜悅，將是我的榮幸。

　　　　＊　＊　＊

那麼，接下來開始我想要對我周圍的人們表達感謝（謝詞）。

首先是傳授我發明原理，給予我作為創意開發師機會的池田昭彥先生。然後是將 TRIZ 整體概念教授給我的永瀨德美先生，向這兩位老師致上我的謝意。

同時，對以石原同學、堀內同學為首一起學習 TRIZ 的夥伴，以及傳授 TRIZ 的各位前輩也致上我的感謝。

還有以渡邊先生、福士先生、新谷先生為首一起應用 9 宮格法的諸位公司同仁們。以及與我共同應用 TRIZ 取得新專利的半導體開發公司的各位。平時承蒙你們許多的照顧了。

當然這本書在出版的過程中，還得到了其他許多人的協助。

首先，本書之所以能刊載這麼多實例與插畫，是由於有國譽集團、日本科學未來館、北陸先端科學技術大學院大學、理化學研究所，以及東京大學各位教授們的協助。

特別是協助舉出許多事例的東京大學村上存教授，以及調查事例提供參考，選修「機械設計學」的山本同學、三上同學、大森同學、高橋同學等同學們。

而本書得以出版，尚需歸功於干場社長與堀部先生英明果斷的編輯能力。若是說本書之所以能「容易理解」，絕對是以上述二位為首的 Discover 21 出版公司同仁們的功勞。（此外，也感謝介紹我與干場社長認識的長尾先生）

而相反地，本書若有難以理解的地方，責任都是在想法如泉水般源源不絕、像洪水般爆發的我身上。

而對願意忍受、傾聽我這些不易理解或脫離常軌的發想，並且還覺得有趣，我可靠的公司同仁們、厚木＆構想秘密基地的友人、國中、高中和大學的友人與學弟妹們、TRIZ 協會的各位、IDEA 公司等在工作以外場合所認識的各位也致上感謝。

這本書是在邊想著大家邊努力編寫完成的。

最後，我想在這個社會上，擁有 3 個孩子，而且夫妻雙方都在工作，每天都要去上班還一邊寫稿的人應該不多吧？

處於這種情況，還能執筆寫出一定分量的書，除了當然要感謝每天照顧孩子的學校、幼稚園、托兒所外，更要感謝我的太太、小孩，以及雙親、岳父母無私的奉獻。

真的非常感謝。

可能還有許多謝詞中沒記載到，或是我未顧及但應當感謝的對象，也為了孩子們的世代，就請讓我以透過 TRIZ 提升日本的

技術、對世界產生貢獻來回報各位。

（發明原理標誌，基於知識共享而在網路上公開，網址為 http://makershub.jp/make/13）。

今後也請各位不吝指教、鞭策。

2014 年　夏
Mighty & Idea Creator
高木芳德　敬致

トリーズ（TRIZ）の発明原理 40　高木芳徳
"TRIZ NO HATSUMEI GENRI 40" by Yoshinori Takagi
Copyright © 2014 by Yoshinori Takagi
Illustrations by Uki Murayama
Original Japanese edition published by Discover 21, Inc., Tokyo, Japan
Complex Chinese　edition is published by arrangement with Discover 21, Inc.

博雅科普　020
RE44

創意不足？用TRIZ40則發明原理幫您解決！

作　　者　高木芳德
譯　　者　李雅茹
發 行 人　楊榮川
總 經 理　楊士清
總 編 輯　楊秀麗
主　　編　高至廷
責任編輯　張維文
封面設計　白牛奶設計
出 版 者　五南圖書出版股份有限公司
地　　址　106 台北市大安區和平東路二段 339 號 4 樓
電　　話　(02)2705-5066
傳　　眞　(02)2706-6100
劃撥帳號　01068953
戶　　名　五南圖書出版股份有限公司
網　　址　https://www.wunan.com.tw
電子郵件　wunan @ wunan.com.tw
法律顧問　林勝安律師事務所 林勝安律師
出版日期　2016 年 9 月初版一刷
　　　　　2018 年 11 月二版一刷
　　　　　2021 年 4 月二版三刷
定　　價　新臺幣 420 元

國家圖書館出版品預行編目資料

創意不足?用TRIZ40則發明原理幫您解決! /
高木芳德著；李雅茹譯. -- 二版. -- 臺北
市：五南圖書出版股份有限公司, 2018.11
　面；　公分. （博雅科普；20）
　ISBN 978-957-11-9984-9（平裝）

1.發明　2.創造性思考　3.問題導向學習

440.6　　　　　　　　107016963